高等教育经济管理类专业教材
——荣获华东地区大学出版社优秀教材奖

U0242663

实 用 微 积 分

（第 2 版）

主　编　詹勇虎

副主编　杨　青

参　编　（按姓氏笔画排序）

王　勇　朱张兴

顾慰华　诸炜鑫

东 南 大 学 出 版 社
·南京·

内 容 提 要

　　本书内容包括函数、极限与连续、导数与微分、导数的应用、不定积分、定积分、多元函数微分学.

　　本书根据高级应用型人才的培养目标,以"掌握概念、强化应用、培养技能"为重点,注重培养运用数学知识解决实际问题的能力,注重培养数学建模的能力,充分体现数学的应用性. 在内容的选取上,削减了繁杂的计算,淡化了数学理论,重视日常的、经济的应用. 在课程体系方面给出几何解释、图形表示等,使抽象的概念、定理和结论尽量直观容易理解,还特别注意讲授解题思路,将数学的思想与经济管理中的实际问题紧密结合起来,从而达到学以致用的教学目的.

　　本书既可以作为应用型本科及高职高专院校经济管理类专业的教材,亦可作为成人教育、高等教育自学考试及企事业单位培训和学生自学用书.

图书在版编目(CIP)数据

实用微积分 / 詹勇虎主编. —2 版. —南京:东南大学
出版社,2017.8(2022.1 重印)
　ISBN　978 - 7 - 5641 - 7250 - 3

　Ⅰ.①实…　　Ⅱ.①詹…　　Ⅲ.①微积分—高等教
育—教材　　Ⅳ.①O172

　中国版本图书馆 CIP 数据核字(2017)第 157517 号

东南大学出版社出版发行
(南京四牌楼 2 号　邮编 210096)
出版人:江建中
全国各地新华书店经销　　南京京新印刷有限公司印刷
开本:787 mm×1092 mm　　1/16　　印张:11.25　　字数:280 千字
2017 年 8 月第 2 版　　　2022 年 1 月第 12 次印刷
ISBN　978 - 7 - 5641 - 7250 - 3
印数:21501—22500 册　　定价:29.00 元
(凡因印装质量问题,请直接与营销部联系。电话:025 - 83791830)

再 版 前 言

在高等教育进入大众化的今天,微积分依旧是每个接受高等教育者都应该了解的数学分支,它既为学习其他课程打好应有的基础,同时也致力于提高学生的数学素养,因此微积分也是高等院校课程设置中的一门十分重要的文化基础课和工具课.

本书根据高级应用型人才应具有较强的动手能力及一定的基础理论知识的要求,再版编写过程中,注意做到了以下几点:

(1) 以案例为驱动,引入数学背景知识,展开数学问题的讨论,引领学生了解分析问题解决问题的途径,掌握符合高职高专学生的认知规律.

(2) 定位准确,针对性强.以高职高专院校的培养目标为依据,以适用、够用、好用为指导思想,在体现数学思想为主的前提下删繁就简,深入浅出,做到既注重微积分的基础性,适当保持其学科的科学性与系统性,同时更突出它的工具性.

(3) 理论联系实际,注意把微积分与解决实际问题结合起来,在教材的各个部分都安排了实际应用的内容,有助于培养学生应用微积分解决实际问题的能力,概念的引入都尽可能从实际背景入手,有助于学生的理解与掌握.

(4) 充分体现趣味性.在本书的多数章节中,增加了一个数学故事,提高了学生学习数学的兴趣,寓学于乐.

参加本书编写的是多年来从事应用型本科和高职高专高等数学教学的一线的老师.教材中充分融进了我们自己的教学心得和体验,对教材的每一部分内容我们都结合实际反复推敲,力求使本书能够成为受师生欢迎的一本好的教材.

本书自 2005 年出版以来,多次修订重印,荣获华东地区大学出版社优秀教材奖,得到了兄弟院校同行及广大读者的肯定.大家在使用过程中提出了许多中肯的建议和宝贵的意见,为此本次再版时我们对教材部分内容进行了修改,对一些观点增加了更有说服力的阐述,更改了部分典型例题,充实了许多供学者练习的习题.

编 者

2017 年 7 月

目　　录

1 函 数

数学史上的一座丰碑

大家可曾知道,在漫长的数学发展史上,具有划时代意义的事件是微积分的创立.因为微积分的诞生,标志着数学的发展历程,由常量数学(初等数学)进入了变量数学(高等数学)的发展阶段,人类社会进化到了由个体作坊的手工生产步入社会化的机器大生产的现代文明阶段.可以说,没有微积分的数学成果,就不会有现代文明社会,因为现代科学技术及其物质文明的创造,都要在微积分的数学基础上才能发展起来.

可是,大家不禁要问,微积分的开拓者或者创始人是谁呢? 要回答这个问题,就得翻开历史了.打开历史卷宗,我们就会知道,当人类进入 17 世纪的时候,才产生了微积分.因为历史告诉我们,17 世纪最伟大的数学成果,是解析几何和微积分的产生.这两项数学成就,在人类的历史上产生了划时代的意义.可是,你知道为其立下丰功伟绩的数学家是谁吗? 是赫赫有名的法国数学家费尔马和笛卡儿以及英国的大数学家及物理学家牛顿和德国的大数学家及自然科学家莱布尼茨.

费尔马和笛卡儿在 17 世纪上半叶潜心研究并且创立了解析几何学.其中我们经常使用的笛卡儿坐标法,就是这一时期的重要成果.由于笛卡儿建立了坐标系,引进了变量和函数的概念,从而把几何学和代数学密切联系起来了.这是数学发展的一个转折点,也是变量数学发展的一个重要里程碑,人称变量数学发展的"第一个决定性步骤".

之后,牛顿和莱布尼茨在 17 世纪后半叶,几乎是同时,但却是各自独立地完成了微积分的创建工作,人称变量数学发展的"第二个决定性步骤".因为事实是这样,当时的牛顿从物理学的观点上研究了数学,所以 1687 年在他出版的《自然哲学的数学原理》一书中,首先把微积分的基本原理应用到天体力学的研究中,获得成功.而莱布尼茨则从几何学的角度论述了微积分,所以他从 1684 年起就陆续发表了一系列微积分著作,力图采用普遍方法来解决数学分析中的一些问题.例如 1686 年他发表的第一篇积分学论文,就可以求出原函数,以后他和牛顿又都各自独立地创立了微积分基本定理,即牛顿-莱布尼茨公式.从而在微分学和积分学之间架起了一座桥梁,沟通了两者之间的联系,这在当时是变量数学的重大发现和卓越成果.此外莱布尼茨还创造了许多非常优良的数学符号,例如微分记号 $\mathrm{d}x$,积分记号 $\int y\mathrm{d}x$,导数记号 $\dfrac{\mathrm{d}y}{\mathrm{d}x}$ 等等,对微积分的发展影响极大,直到现在还在使用.

那么,为什么微积分会在 17 世纪产生,而不在别的什么时期呢? 这得让我们联系到 17 世纪的欧洲了.当时欧洲正处在自由资本主义发展的初期,由于生产力的大解放,带来学术思想的空前活跃,光是涉足"微积分"这块神秘领域的学者就不下百人,包括十几位鼎鼎有名的大数学家和几十位小数学家.而牛顿和莱布尼茨则是这支队伍中的佼佼者,他们集同行之大成,都各自独立地作出了自己开创性的历史贡献.所以数学史上均公认牛顿和莱布尼茨是微积分的创始人.以后三百多年的实践证明:现代科学技术和现代物质文明,很少有几处可以离开微积分或以微积分为基础的数学分科.所以微积分的创立,是数学史上的一座丰碑,也是人类获得的宝贵财富.

可是不幸的是,牛顿和莱布尼茨的开创性成果,却引来了历史上所谓"优先权"的争论,从而使数学界分裂成两派.欧洲大陆的数学家,尤其是瑞士数学家雅科布·贝努利(1654—1705)和约翰·贝努利(1667—1748)兄弟支持莱布尼茨,而英国数学家则捍卫牛顿.两派发生激烈争论,甚至敌对和嘲笑.直到牛顿和莱布尼茨逝世后,经过调查才得以证实:他们确实是各自独立地创立了微积分,只不过牛顿先于莱布尼茨制定了微积分体系,而莱布尼茨则早于牛顿公开发表了微积分的相关内容.

这一事件的直接后果是:英国和欧洲大陆的数学家停止了思想交换,使英国人在以后的数学上落后于欧洲大陆大约一百年.

1.1 引　言

1.1.1　学一点数学

经济管理专业的学生也要学点数学,这就要求我们要弄清什么是数学.什么是数学呢?数学是研究数与形的科学.或者,一般地,数学是研究数量关系、空间形式和思维方法的科学.

经济工作者,离不开对经济关系进行计量,也就是要以经济理论为基础,以数学方法和计算技术为工具,去研究宏观和微观经济问题的数量关系.这时数学显得更为重要.正如马克思说过的那样:"分析经济形式既不能用显微镜,也不能用化学试剂,二者必须用抽象力来代替."马克思认为:"一种科学只有在成功地运用数学时,才算达到了真正完善的地步."

当然,数学又包含了许多分科.例如,在经济数学中就包括了初等数学和许多高等数学的内容.

那么,什么是初等数学和高等数学呢?初等数学(包括算术、代数、几何、三角等)研究的是常量和相对静止状态.高等数学,例如其中的主要部分微积分,研究的是变量和运动.

但是,什么是常量和变量呢?所谓常量,就是不变的量,即在研究的过程中不起变化,保持一定数值的量.在研究的过程中变化着的量,也就是取不同数值的量叫变量.

整个数学,包括初等数学和高等数学以及各种专门数学,都是以形和数作为研究对象的.

同时数学还是一种思维方法,一种推理方法,可以用它来解决科学研究、企业管理乃至行政管理中提出的各种问题.例如,用数学方法可以去判断一个想法是否正确,或者是否大概正确.例如,爱因斯坦早在1905年就能写出公式,预报从原子弹爆炸中获得的能量;天文学中可以用数学公式来预报日食;航天事业可以用数学公式来预报人造地球卫星的飞行轨道;经济学中可以运用经济数学来研究边际问题、弹性问题、最优系列问题、人口问题等等.例如1957年,马寅初教授就曾用数学方法计算出我国20年后的人口总数,提出控制人口,节制生育,提高中华民族人口素质的科学论证.在市场经济中,可以用数学来计算由于物价上涨对该商品购买力的影响.在微观经济管理中,可以用经济数学来计算该产品的最大利润和最大经济效益. 所以人们说,数学具有预报事件的能力.

同时,数学也是一种语言,一种用各种符号表达的语言,这种语言能为世界上所有文明人种所理解. 有人甚至认为,数学也将是其他星球上的居民(如果有的话)也能理解的语言. 因为它是一种像音乐那样具有对称性、规律性、模型化和令人喜悦的有节奏的乐章.

当然,随着电子计算机的广泛应用以及国内外市场竞争的日益激烈,一个经理或厂长如果不会用定量化的方法管理企业,提供管理信息方面的准确数字,作出正确的判断和决策,这个经理或厂长也是当不好的. 成千上万个企业如果都是这样,那么中华民族的伟大复兴就会成为泡影. 正因为这样,所以我们还应该学一点数学,特别是经济应用方面的高等数学.

对经济管理专业的学生来说,以经济管理为目标,学习高等数学中的哪些内容呢? 广学博采行不行? 当然不行,因为我们要学习的内容简直太多了. 我们常用"知识爆炸"来形容我们当今的时代. 这就是说,现在全世界的知识总量正在急剧增长. 据统计,最近 10 年全世界的新发明、新创造,比过去 2 000 年的总和还要多,科学知识增长率达到 1 205%,科学杂志每 5 年增加 1 倍,平均每 1 分钟出版 1 种书. 数学是总的科学体系中的一大门类,其发展之迅速,内容之丰富,也早已为世人所知. 所以我们学习数学,不可能什么都学,也就是说,在有限的时间内要抓住重点,学一点微积分,主要学习一元函数的微分和积分. 学好这部分内容,就能为学习高等数学的其他方面以及专业课程,打下一定的基础. 本着这个目的,我们特为你编写了这本《实用微积分》教材,希望为你的学习提供方便. 学好这本书,大约需要 60 学时左右.

1.1.2 经济关系的数学表示——经济数学模型

经济数学模型就是经济对象的数学模型. 人所熟知的物理学中的许多基本公式,如电学中的欧姆定律 $V = IR$,力学中的牛顿第二定律 $F = ma$ 等等,都是数学模型的例子. 模型是实物、过程、现象以及某一对象的行为方式的表示形式. 数学模型是将某一现象的特征或者本质给以数学表述的数学关系式. 它是一个或一组数学公式,这些数学公式从数量方面揭示了研究对象的固有特征和运动规律. 但是客观世界如此纷繁复杂,能用数学公式表示的事物毕竟有限,所以在许多情况下,与现象完全吻合的数学模型实属难得. 一方面模型既要反映实际,另一方面又不能与实际完全一样. 因此评价一个模型的质量及其功能,是以它与实际情况的近似程度为依据的. 首先模型要尽量接近真实,其次模型又要越简单越好,使其便于操作、分析和迅速取得结果. 所以真实和简单是衡量一个模型好坏的两大标志. 一个好的数学模型不仅客观地反映了实际,而且它还是简单明了的,便于运用和处理. 由于这些特点,使数学模型在科学技术的各个领域得到了广泛的应用,成为人们研究客观世界的有力工具之一.

经济学和其他自然科学一样,如果把某一个经济问题列入研究对象,也可以建立一个经济问题的数学模型. 经济数学模型是经济模型的一种. 例如在微观经济中,某一产品的成本模型,就是一种经济数学模型. 通过成本模型可以预测和控制某一产品的成本. 我们知道,对经济现象不仅要进行定性研究,而且要进行定量分析. 因此,在应用数学方法研究经济现象的过程中产生的经济数学模型,最终将是一组(或一个)数学公式. 就是说,在建模过程中,要按照经济理论,分析所研究的经济现象,找出经济变量之间可能存在的依存关系,把问题作为因变量,把影响问题的主要因素作为自变量,非主要因素可以纳入随机项,然后作出某种假设和抽象,按照某种结构关系,用一组数学上彼此独立,互不矛盾,完整有解的联立方程式(或单一方程)表示. 例如,上面所说的成本模型就是一种微观的经济函数模型. 以后我们将会知道,在成本模型中,某一产品的成本,可以由成本函数确定,也就是当投入要素价格 $\omega_i (i = 1, 2, 3, \cdots, n)$ 给定后,则成本就是产出量 Y 的函数:

$$C(Y) = C(\omega_1, \omega_2, \omega_3, \cdots, \omega_n; Y)$$

这样有了成本函数,就可以确定或预报某一产品的成本了.

又如在市场经济中,研究消费者对某种商品的需求行为时,可以把商品需求量和商品价格等这样一些经济量作为主要的研究对象,并称它们为经济变量. 研究经济数学模型,就是研究经济变量之间的数量关系,这种数量关系可以用数学语言表述为因变量和自变量之间的函数关系,列出函数或方程的具体形式. 由于商品的需求量首先受到商品价格的影响,因此需求量可以看作因变量,价格可以看作自变量. 这样对该种商品就可以建立一个需求函数的数学模型了. 按照这个模型,可以解释商品价格对商品销售量的影响程度和波动情况.

可见经济数学模型是解决经济问题的基本方法之一. 经济学和数学的结合,为经济管理工作开辟了广阔途径. 正因为这样,所以经济工作者才热衷于研究它,为提高经济效益和管理水平服务.

经济数学模型有各种类型,例如有预报与决策模型、控制与优化模型、规划与管理模型等. 以预报模型为例,就有生产过程中产品质量指标的预报模型,以及气象预报、人口预报、经济增长预报模型等.“凡事预则立”,通过预报模型,人们可以预先获得相关信息和警示,避免重大事故发生. 所以,一个好的经济数学模型的建立,是经济数学模型研究中的关键所在.

1.1.3 相关关系和函数关系

在经济数学模型的建模过程中,根据不同的建模目的和实际要求,可以选择适当的数学方法来获得你所满意的模型. 对于大量社会经济问题,人们习惯采用数理统计方法,即采用相关分析和回归分析的方法,来得到现实世界中,某一特定(经济)对象数量规律的数学公式、图形或算法. 这就是这一特定(经济)对象,为了一个特定目的,反映其特有内在规律的(经济)数学模型.

众所周知,相关分析的研究对象是相关关系. 在相关分析的基础上,还要进一步进行回归分析,才能得到反映某一社会经济问题的数学模型,并用于预测分析. 而在回归分析中,还应用到函数关系,所以说函数关系是相关分析并进而进行回归分析的必要工具.

进一步研究表明,在自然现象和社会现象中,的确大量存在以上两种数量关系,即相关关系和函数关系. 也可以说,相关关系和函数关系这两种数量关系可以涵盖自然现象和社会现象的所有领域. 所以我们有必要对这两种数量关系作进一步的认识.

现在讨论什么是相关关系? 所谓相关关系,是指某一现象的各因素之间由于受随机因素的影响,在数量上存在着非确定性的相互依存关系. 例如在一定限度内,施肥量和粮食产量之间、劳动生产率和利润之间、银行利率与存款额之间、出口额与国内生产总值(GDP)之间等等都存在着这类关系. 比如说,施肥量增加,粮食产量一般会增多,但是对于同样多的施肥量用于不同地块时,又可能会出现不同的单位面积产量,这是为什么呢? 原因很简单,这是因为决定粮食产量的因素是多方面的,它不仅与施肥量有关,而且同时还与种子的质量、土壤性质、田间管理、气象条件等随机因素有关. 所以粮食产量虽然与施肥量有关,但是在数量上不是唯一确定的.

函数关系是另一类数量关系,它是某一现象的各因素之间,存在着的唯一确定的数量关系. 在这种关系中,当某一因素(原因因素——自变量)确定后,与之相关的另一因素(结果因素——因变量)就会唯一确定. 例如圆的面积和半径之间,当半径确定之后,圆的面积就会唯一确定;商品销售额和销售量之间,在价格不变的条件下,销售收入可由销售量唯一确定,等等. 这种数量上的函数关系,在自然与社会现象中,几乎到处都是.

前已述及,相关关系是相关分析的研究对象. 而函数关系则是另一种方法的研究对象,它是数学领域中微积分的研究对象. 但是相关关系和函数关系这两类不同的数量关系也不是截然分开的,它们之间有着密切的联系. 例如,由于测量误差等原因,函数关系往往需要通过相关关系才能表现出来. 相反,在回归分析中,又往往要将原本属于相关分析的相关关系,借助函数关系的表达式来加以描述. 以后我们将会知道,在统计分析中,用来表明二因素线性相关程度的指标——相关系数,当它的绝对值等于 1 时,相关关系就会转化成函数关系. 所以函数关系至关重要,深入研究函数关系应该是必然之选.

1.2 函数

1.2.1 函数的定义

定义 1.1 设 X 和 Y 是两个实数集,如果按照某一确定的对应规则 f,对每一个 $x \in X$,都有唯一确定的 $y \in Y$ 与之对应,则称 f 是由 X 到 Y 的一个函数关系,并称 x 为自变量,y 为因变量,或 y 是 x 的一个(单值)函数,记作

$$y = f(x) \qquad (x \in X)$$

其中 f 称为函数符号,用以表示由 x 到 y 的对应规则,即用来表示根据自变量的取值去确定因变量取值的规则.

下面,我们举两个建立函数关系的例子.

例 1.2.1 设本金为 P,年利率为 i,每年结算一次,则存期为 t 年的本利和按复利计算为

$$S = P(1+i)^t \qquad (t \geqslant 0) \tag{1.1}$$

其中 P 和 i 是常数,S 和 t 是相互关联的两个变量,并且 t 是自变量,S 是因变量. 根据函数定义,本利和 S 是存期 t 的函数,即

$$S = f(t) = P(1+i)^t \qquad (t \geqslant 0)$$

这里,根据自变量 t 的取值去确定因变量 S 的取值规则 f,是以 $(1+i)$ 为底的指数函数形式.

注意到资金的时间价值概念(即当一定量的货币转化成资本使用时,由于时间的推移而产生的增值现象),在财务管理中,称式(1.1)中的本金 P 为复利现值,并称 S 为 P 的复利终值. 即现在价值为 P 的金额,按复利方式计算的在 t 年末时刻的金额.

例 1.2.2 在物流业的线路规划设计中,往往出现物流中转站的选址问题. 例如有一条南北贯通的铁路线经过 A、B 两地,两地相距 150 km,又工厂 C 位于 B 地的正西方向 20 km

处. 现拟在 A、B 两地的铁路线上选一个中转站 D,并在 C、D 间修筑公路,希望将货物由 A 地经 D 转运到目的地 C. 假设铁路运费为 5 元/(t·km),公路运费为 8 元/(t·km). 试求每吨货物总运费的函数关系式.

解 显然总运费取决于中转站 D 点的选择. 设 A、D 间的距离为 x km. 依题意,有

$$CD = \sqrt{20^2 + (150 - x)^2}(\text{km}) \qquad (x \in [0, 150])$$

所以,每吨货物的总运费为

$$y = 5x + 8\sqrt{20^2 + (150 - x)^2}(\text{元}) \qquad (x \in [0, 150]) \tag{1.2}$$

定义 1.2 对于函数 $y = f(x)$,称自变量 x 的取值范围 X 为函数的定义域,记作 $D(f)$,即 $D(f) = X$,称因变量 y 相应的取值范围

$$\{y \mid y = f(x), x \in X\} \subset Y$$

为函数的值域,记作 $Z(f)$.

在函数的定义中,有对应规则 f,定义域 $D(f) = X$ 和值域 $Z(f)$. 当定义域 X 和对应规则 f 给定后,值域 $Z(f) = \{y \mid y = f(x), x \in X\}$,就被 X 和 f 唯一确定. 因此,定义域 X 和对应规则 f 是函数定义中的两个要素. 即函数是由定义域和对应法则所确定的,所以研究函数必须注意它的定义域.

在实际问题中,函数的定义域是根据问题的实际意义来确定的. 如例 1.2.1 中,函数的定义域是 $t \geqslant 0$,如果写成区间形式则是 $[0, +\infty)$,$t \geqslant 0$ 和 $[0, +\infty)$ 是等价的. 在例1.2.2 中,函数的定义域是 $[0, 150]$ 的区间形式.

以后,函数的定义域都常用区间的形式表示,当然也可以写成不等式,甚至还可用集合的形式. 究竟用哪种方法才好,这要看用谁更简洁明了为准.

在数学中,有时给出的函数并没有指出它的实际意义,所以在这种情况下,就无法根据问题的实际意义来考察它的定义域了. 怎么办? 我们约定:使算式有意义的一切实数值的集合,就构成函数的定义域. 例如,$f(x) = \dfrac{1}{x}$ 的定义域是 $x \neq 0$,即 $D(f) = (-\infty, 0) \bigcup (0, +\infty)$,$\varphi(x) = \dfrac{1}{\sqrt{1 - x^2}}$ 的定义域是 $(-1, 1)$. 这两个函数的值域依次为 $(-\infty, 0) \bigcup (0, +\infty)$ 和 $[1, +\infty)$.

对于分段函数(分段给出表示式的函数),它的定义域被分成若干部分,各部分都分别用不同的表达式来表示函数关系. 例如,考虑一个总成本函数 $C = C(x)$,当产品的产量不大时,总成本 C 与产量 x 呈线性关系. 比如,当 $0 \leqslant x < 4\,000$ 件时,设总成本 $C = 10\,000 + 8x$ (元),其中 $10\,000$(元)是固定成本总额,$8x$(元)是变动成本总额,产量 x(件)的系数 8 (元/件)是单位变动成本. 可是当产量再增加时,由于当初的固定成本总额、单位变动成本都要相继发生变化,所以上述总成本与产量的线性关系就不再适用了. 于是就要重新找出新的函数关系,假设为当 $4\,000 \leqslant x \leqslant 6\,000$(件)时,有 $C = 15x - 0.001\,125\,x^2$. 因此,在区间 $[0, 6\,000]$ 中,总成本函数可记为

$$C = C(x) = \begin{cases} 10\,000 + 8x & (0 \leqslant x < 4\,000) \\ 15x - 0.001\,125\,x^2 & (4\,000 \leqslant x \leqslant 6\,000) \end{cases} \tag{1.3}$$

此函数的图像见图 1.1，其中 AB 部分为直线，BDE 部分为抛物线. 它的定义域是 [0，6 000]，当产量在这一区间中变化时，虽然总成本被分段表示，但仍表示一个函数关系，因为对于这一区间内的每一个 x 值，总有一个总成本 C 与之对应，只不过在计算 C 时，要按照 x 所在的区域去选用相应的 $C(x)$ 的表示式罢了.

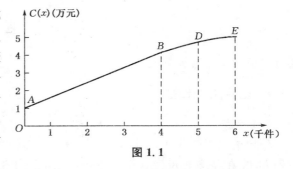

图 1.1

分段函数在经济数学中被广泛采用. 下面再举几个求函数定义域的例子.

例 1.2.3 求函数 $y = \sqrt{(x-a)(b-x)}$ 的定义域.（假设 $0 < a < b$）

解 这是一个无理函数. 要使表达式有意义，必须而且只需根式下的 $(x-a)(b-x)$ 不能为负，这是因为在微积分中考虑的都是实数，而负数不能开平方. 所以 x 应适合的不等式为

$$(x-a)(b-x) \geqslant 0$$

解此不等式得到

$$\begin{cases} x-a \geqslant 0 \\ b-x \geqslant 0 \end{cases} \Rightarrow a \leqslant x \leqslant b$$

或者

$$\begin{cases} x-a \leqslant 0 \\ b-x \leqslant 0 \end{cases} \Rightarrow \begin{cases} x \leqslant a \\ x \geqslant b \end{cases}$$

即 $x \leqslant a$ 且 $x \geqslant b$.

由题知 $a < b$，故 $x \leqslant a$ 且 $x \geqslant b$ 这组解不成立. 因此函数 $y = \sqrt{(x-a)(b-x)}$ 的定义域是 $a \leqslant x \leqslant b$，即闭区间 $[a, b]$.

例 1.2.4 求函数 $y = \dfrac{1}{\sin(\pi x)}$ 的定义域.

解 求函数 $y = \dfrac{1}{\sin(\pi x)}$ 的定义域，就是求分母不为零的那些点所在的区间，即

$$\sin(\pi x) \neq 0$$

亦即

$$\pi x \neq n\pi$$

所以函数的定义域是

$$x \neq n \quad (n = 0, \pm 1, \pm 2, \cdots)$$

即除去所有整数的其他一切实数是函数的定义域.

例 1.2.5 求函数 $f(x) = \dfrac{1}{\sqrt{3-x}} + \ln(2x+4)$.

解 要使函数有意义，必须

$$\begin{cases} 3-x>0 \\ 2x+4>0 \end{cases} \quad \text{即} \quad \begin{cases} x<3 \\ x>-2 \end{cases}$$

所以函数的定义域为$(-2,3)$.

1.2.2 函数的表示法

（1）分析法

分析法也叫公式法,是用公式或分析表达式直接给出自变量和因变量之间函数关系的一种方法.在经济学和其他自然科学中经常采用这种方法,前面见到的几个例子,都是用分析法表示的函数关系.

在微积分中,有许多实际问题,往往要我们自己去建立函数关系,然后才能进行分析和计算.下面我们再举一个建立函数分析表达式的例子.

例 1.2.6 设某厂生产某产品全年需外购件a件,分若干批采购,每批采购费b元,设部件采购后均匀发放,余下库存,平均库存量为批量之半,并设每件年库存费（即保管费）为C元.显然,每次采购的批量大则库存费高,而批量小,批次又会增多,使采购费用增加.若全年用在外购件上的采购费与库存费用之和为P,其大小决定于每次采购的批量.试求P与批量的函数关系.

解 设批量为x,则年采购次数为$\dfrac{a}{x}$（可圆成整数）,故年采购费用为$b\cdot\dfrac{a}{x}$;又因库存量为$\dfrac{x}{2}$,故全年的总库存费用为$C\cdot\dfrac{x}{2}$.于是可得全年用在外购件上的采购费与库存费之和为

$$P(x)=\frac{ab}{x}+\frac{C}{2}\cdot x$$

根据问题的实际意义,定义域应为$[1,a]$中的整数.

分析法的优点是简明准确,便于理论研究,但分析法表示的函数不够直观,有时在实际问题中遇到的函数关系,很难甚至不能用分析方法表示.

（2）图示法

对于函数$y=f(x)$,设x在实数集X中取值,即X是$f(x)$的定义域,当x取X中的某一值$a\in X$时,y取唯一确定的值$f(a)$与之对应.在平面直角坐标系中,可以用点$(a,f(a))$表示这一对对应值.当x的取值历遍X时,点集

$$\{(x,y)\mid x\in X,y=f(x)\} \tag{1.4}$$

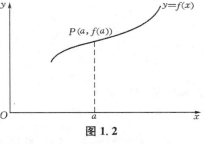

图 1.2

在直角坐标系中就构成一条曲线,它刻画了由取定的x值确定y值的对应规则.我们将式（1.4）在平面直角坐标系中的表示（图1.2）称为函数$f(x)$的图像或$y=f(x)$的图形.例如图1.1所表示的就是式（1.3）的图形.

函数的图示法具有直观性、明显性,便于研究函数的几何性质.缺点是精确度往往受到限制.在数学和经济学中,常常需要把一些函数用它们的图形表示出来.

（3）表格法

在实际应用中,常将某种关系的一系列自变量值与对应的函数值列成表,叫做函数的表

格表示法. 如一系列的数学用表:对数表、三角函数表、三角函数对数表、标准正态分布函数表等等.

经济学中也常常把一些统计和实验数据列成表. 例如把 2001—2004 年某城市人口的年增长数 R 及人口总数 N 的统计数字列成表 1.1.

表 1.1

年(x)	2001	2002	2003	2004
R(人)	1 438	1 178	1 138	1 147
N(人)	919 700	920 878	922 016	923 163

表 1.1 中的年度 x 和人口数 R、N 都是变量,年度的变化范围是 2001—2004,对于表中每一确定的年度 x 都可以从表中查出对应的人口数 R 和 N. 这种变量 x 和变量 R、N 之间的数值关系也是一种函数关系.

表格法的优点是可以从表中的每一个自变量值,直接查到它所对应的函数值,缺点是表格中只能列出有限的几对值,而且不易看出函数随着自变量的变化规律,因而不便于进行理论分析.

1.2.3 函数的几种特性

(1) 函数的单调性

一个函数,若对区间内的一切自变量,均有如下性质:函数随自变量增大而增大,或随自变量的增大而减少,即函数在某区间上增大和减少的性质. 这种性质叫做函数的单调性.

定义 1.3 如果函数 $y=f(x)$ 在某一区间 (a, b) 上满足下述条件:

① 若对于任意的 x_1,$x_2 \in (a, b)$,当 $x_1 < x_2$ 时,就有 $f(x_1) < f(x_2)$,则说 $f(x)$ 在 (a, b) 上是增函数.

② 若对于任意的 x_1,$x_2 \in (a, b)$,当 $x_1 < x_2$ 时,就有 $f(x_1) > f(x_2)$,则说 $f(x)$ 在 (a, b) 上是减函数.

注:由于 $(a, b) \subset X$,而区间 (a, b) 可能是函数定义域 X 的一部分,也可能是它的整个定义域. 因此,一个函数有可能在它的整个定义域内都是增函数或减函数的情况.

③ 若对任意的 x_1,$x_2 \in (a, b)$,当 $x_1 < x_2$ 时,恒有 $f(x_1) \leqslant f(x_2)$,则说 $f(x)$ 在 (a, b) 上是不减函数.

④ 若对任意的 x_1,$x_2 \in (a, b)$,当 $x_1 < x_2$ 时,恒有 $f(x_1) \geqslant f(x_2)$,则说 $f(x)$ 在 (a, b) 上是不增函数.

定义 1.4 在 (a, b) 上的不减函数与不增函数,统称在 (a, b) 上的单调函数. 增函数和减函数统称严格单调函数.

单调和严格单调统称 $f(x)$ 在 (a, b) 内单调,区间 (a, b) 叫做函数的单调区间.

例 1.2.7 图 1.3 是函数 $f(x)$,$x \in [a, b]$ 的图像,求 $f(x)$ 是增函数或减函数的区间.

解 函数 $f(x)$ 在区间 $[x_1, x_2]$,$[x_3, x_4]$ 上是减函数,在区间 $[a, x_1]$,$[x_2, x_3]$,$[x_4, b]$

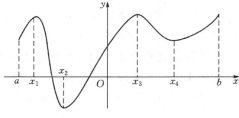

图 1.3

上是增函数.

例 1.2.8 证明函数 $f(x)=2x+3$ 在实数集 **R** 上是增函数.

证 设 x_1, $x_2 \in \mathbf{R}$,且 $x_1 < x_2$,则

$$f(x_1) = 2x_1 + 3$$

$$f(x_2) = 2x_2 + 3$$

$$f(x_2) - f(x_1) = (2x_2 + 3) - (2x_1 + 3) = 2(x_2 - x_1) > 0$$

所以 $f(x_2) > f(x_1)$.

所以 $f(x) = 2x + 3$ 在 **R** 上是增函数.

例 1.2.9 证明函数 $f(x) = \ln x$ 在 $(0, +\infty)$ 上是增函数.

证 设 x_1, $x_2 \in (0, +\infty)$,且 $x_1 < x_2$,即 $\dfrac{x_1}{x_2} < 1$

$$f(x_1) = \ln x_1 \quad f(x_2) = \ln x_2$$

$$f(x_1) - f(x_2) = \ln x_1 - \ln x_2 = \ln \frac{x_1}{x_2} < 0$$

所以 $f(x_1) < f(x_2)$.

所以 $f(x) = \ln x$ 在 $(0, +\infty)$ 上是增函数.

例 1.2.10 证明函数 $f(x) = x^2$ 在 $[0, +\infty)$ 上是增函数,在 $(-\infty, 0]$ 上是减函数.

证 设 x_1, $x_2 \in [0, +\infty)$,且 $x_1 < x_2$,则

$$f(x_1) = x_1^2$$

$$f(x_2) = x_2^2$$

$$f(x_2) - f(x_1) = x_2^2 - x_1^2 = (x_2 + x_1)(x_2 - x_1)$$

因为 $x_2 + x_1 > 0$, $x_2 - x_1 > 0$,

所以 $f(x_2) > f(x_1)$.

所以 $f(x) = x^2$ 在 $[0, +\infty)$ 上是增函数.

同样可证 $f(x) = x^2$ 在 $(-\infty, 0]$ 上是减函数.

而 $y = x^2$ 在它的定义域 $(-\infty, +\infty)$ 上不是单调函数.

由此可见,函数的单调性是和区间密切相关的,当我们说某函数是增函数或减函数,或者说某函数单调增加或单调减少的时候,必须同时指明相应的区间.

（2）函数的有界性

函数 $f(x) = 3x + 5$, $x \in [0, 1]$,对于区间 $[0, 1]$ 里的任意一个 x 值,都有 $|f(x)| \leqslant 8$,这时我们说,函数 $f(x) = 3x + 5$ 在这个区间 $[0, 1]$ 上是有界的.但同样的这个函数 $f(x) = 3x + 5$ 在区间 $[0, +\infty)$ 或 $(-\infty, 0]$ 或 $(-\infty, +\infty)$ 上,又都是无界的.为了区分函数的这种性态,我们给出有界函数与无界函数的定义.

定义 1.5 设函数 $y = f(x)$ 在区间 (a, b) 上有定义（(a, b) 可以是函数 $f(x)$ 的整个定义域,也可以是定义域的一部分）,如果存在一个正数 M,对于所有的 $x \in (a, b)$,都有

$$|f(x)| \leqslant M$$

则称函数 $f(x)$ 在区间 (a, b) 内有界. 如果这样的 M 不存在, 就说 $f(x)$ 在 (a, b) 内是无界的.

例 1.2.11 函数 $y=\sin x$ 在 $(-\infty, +\infty)$ 内有界, 因为对任何的 $x\in(-\infty, +\infty)$, 都有 $|\sin x|\leqslant 1=M$, 所以 $y=\sin x$ 在它的整个定义域上是有界函数.

例 1.2.12 函数 $f(x)=2x^2+3x+5$, $x\in\mathbf{R}$ 是无界的, 但是如果在区间 (a, b) 上, 而且 a, b 都是给定的常数时, 它就有界了. 因为这时我们能找到一个正数 M, 使对所有的 $x\in(a, b)$, 都有 $|f(x)|\leqslant M$.

例 1.2.13 函数 $f(x)=\dfrac{1}{x}$ 在区间 $(0, 1)$ 内无界, 但在 $[\delta, 1)(\delta>0)$ 内有界.

因此, 函数是否有界, 不仅与函数有关, 而且还与区间有关.

（3）函数的奇偶性

先举两个例子, 看看它们有什么不同.

例 1.2.14 函数 $y=f(x)=x^3$（只含 x 的奇次项）, 有 $f(-x)=-x^3=-f(x)$, 其图形关于原点对称, 如图 1.4.

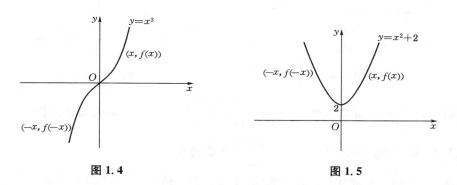

图 1.4　　　　　　　　　　图 1.5

例 1.2.15 函数 $y=f(x)=x^2+2$（只含有 x 的偶次项和常数项）, 有

$$f(-x)=(-x)^2+2=x^2+2=f(x)$$

其图形关于 y 轴对称, 如图 1.5.

定义 1.6 设函数 $y=f(x)$ 定义在对称区间 $(-l, l)$ 上, 如果：

① 对所有的 $x\in(-l, l)$, 都有 $f(-x)=f(x)$, 则称 $f(x)$ 为偶函数；

② 对所有的 $x\in(-l, l)$, 都有 $f(-x)=-f(x)$, 则称 $f(x)$ 为奇函数.

根据奇函数和偶函数的定义, 可知例 1.2.14 中的函数 $y=x^3$ 是奇函数, 奇函数的图形对称于坐标原点；例 1.2.15 中的函数 $y=x^2+2$ 是偶函数, 偶函数的图形对称于 y 轴.

因为函数的定义域具有对称性是其为奇函数或偶函数的必要条件, 所以总在形如 $(-l, l)$ 的对称区间上讨论它的奇偶性.

奇函数和偶函数还有一些基本性质：

① $f(x)=C$（C 为常数）是偶函数.

因为 $f(-x)=C=f(x)$,

所以 $f(x)=C$ 是偶函数.

② 两个奇（偶）函数的代数和是奇（偶）函数, 奇函数和偶函数的代数和是非奇非偶函数.

例如：设 $y_1 = x$，$y_2 = x^3$．因为 y_1，y_2 在它们的定义域 $(-\infty, +\infty)$ 中都是奇函数，所以 $y = y_1 + y_2 = x + x^3$ 在 $(-\infty, +\infty)$ 中也是奇函数．

又如：$y_1 = \sin x$ 在 $(-\infty, +\infty)$ 中是奇函数，$y_2 = \cos x$ 在同一区间上是偶函数，而 $y = y_1 + y_2 = \sin x + \cos x$ 既非奇函数，也非偶函数，叫做非奇非偶．

③ 两个奇（偶）函数的乘积是偶函数，奇函数与偶函数（偶函数为非零函数）的乘积是奇函数．

例如：$y_1 = x$ 和 $y_2 = \sin x$ 都是奇函数，而 $y = y_1 \cdot y_2 = x \cdot \sin x$ 则是偶函数．

④ 若 $f(x)$ 是奇（偶）函数，且 $f(x) \neq 0$，则 $\dfrac{1}{f(x)}$ 是奇（偶）函数．

例如：$f(x) = x$ 是奇函数，则 $y = \dfrac{1}{f(x)} = \dfrac{1}{x}$（$x \neq 0$）也是奇函数，如图 1.6 所示．

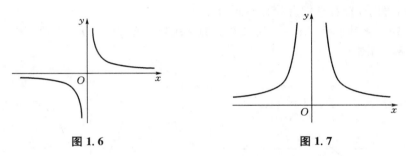

图 1.6　　　　　　　　　　　图 1.7

又如：$f(x) = x^2$ 是偶函数，则 $y = \dfrac{1}{f(x)} = \dfrac{1}{x^2}$（$x \neq 0$）也是偶函数，如图 1.7 所示．

例 1.2.16　判断函数 $f(x) = \dfrac{x \cdot \sin x}{1 + x^2}$ 的奇偶性．

解法 1　利用函数的奇偶性定义判断，该函数定义域为 **R**，关于原点对称.

$$
\begin{aligned}
f(-x) &= \frac{(-x) \cdot \sin(-x)}{1 + (-x)^2} \\
&= \frac{(-x) \cdot (-\sin x)}{1 + x^2} \\
&= \frac{x \cdot \sin x}{1 + x^2} \\
&= f(x)
\end{aligned}
$$

所以 $f(x) = \dfrac{x \cdot \sin x}{1 + x^2}$ 是偶函数．

解法 2　利用基本性质：

函数 $f(x)$ 的分子 $x \cdot \sin x$ 是偶函数，分母 $1 + x^2$ 是偶函数，故 $\dfrac{1}{1 + x^2}$ 是偶函数，偶函数 $x \cdot \sin x$ 与偶函数 $\dfrac{1}{1 + x^2}$ 的乘积还是偶函数．

所以 $f(x) = \dfrac{x \cdot \sin x}{1 + x^2}$ 是偶函数．

例 1. 2. 17　判断函数 $f(x) = \lg \dfrac{1+x}{1-x}$ 的奇偶性.

解　该函数的定义域关于原点对称,即为$(-1,1)$.

$$f(-x) = \lg \frac{1-x}{1+x} = -\lg \frac{1+x}{1-x} = -f(x)$$

所以 $f(x) = \lg \dfrac{1+x}{1-x}$ 是奇函数.

（4）函数的周期性

我们知道,正弦函数 $y = \sin x$ 是周期函数,因为 $\sin(x+2n\pi) = \sin x\,(n=0,\pm 1,\pm 2,\cdots)$,它的周期是 2π;正切函数 $y = \tan x$ 也是周期函数,因为 $\tan(x+n\pi) = \tan x(n=0,\pm 1,\pm 2,\cdots)$,它的周期是 π. 一般地说,对于周期函数有以下定义.

定义 1.7　对于函数 $y = f(x)$,若存在数 $T > 0$,使对定义域内的任何 x,都有

$$f(x+T) = f(x)$$

则称 $f(x)$ 为周期函数. 满足这个等式的最小正数 T,叫做函数的周期.

例 1. 2. 18　求下列函数的周期 T:

（1）$f(x) = \cos 2x$;　　　　　　（2）$f(x) = \tan\left(-\dfrac{x}{3} + \dfrac{\pi}{6}\right)$.

解　（1）$f(x) = \cos 2x = \cos(2x+2\pi) = \cos 2(x+\pi) = f(x+\pi)$

根据定义,所以周期 $T = \pi\left(=\dfrac{2\pi}{2}\right)$.

注:上述括号中出现的情况不是偶然的. 一般说 $\sin ax$、$\cos ax\,(a \neq 0)$ 的周期是 $\dfrac{2\pi}{|a|}$; $\tan ax$、$\cot ax\,(a \neq 0)$ 的周期是 $\dfrac{\pi}{|a|}$.

更为普遍的是:若 $f(x)$ 是以 T 为周期的周期函数,则 $f(ax+b)\,(a \neq 0)$ 是以 $\dfrac{T}{|a|}$ 为周期的周期函数.

（2）$f(x) = \tan\left(-\dfrac{x}{3} + \dfrac{\pi}{6}\right)$

$$= \tan\left[\left(-\frac{x}{3} + \frac{\pi}{6}\right) + \pi\right]$$

$$= \tan\left[\left(-\frac{x}{3} + \pi\right) + \frac{\pi}{6}\right]$$

$$= \tan\left[-\frac{x-3\pi}{3} + \frac{\pi}{6}\right]$$

$$= f(x-3\pi)$$

因为对于周期函数,有下列性质:如果 T 是 $f(x)$ 的周期,则有

$$f(x) = f(x+T) = f(x-T)$$

所以上述函数的周期 $T = 3\pi \left(= \dfrac{\pi}{\left|-\dfrac{1}{3}\right|}\right)$.

例 1.2.19 求 $f(t) = A\sin(\omega t + \theta)$ 的周期.（其中 A，ω，θ 为常数，且 $A > 0$，$\omega > 0$）

解法 1 根据例 1.2.18 的结论，由于 $\omega > 0$，所以函数的周期 $T = \dfrac{2\pi}{\omega}$.

解法 2
$$
\begin{aligned}
f(t) &= A\sin(\omega t + \theta) \\
&= A\sin[(\omega t + \theta) + 2\pi] \\
&= A\sin[(\omega t + 2\pi) + \theta] \\
&= A\sin\left[\omega\left(t + \dfrac{2\pi}{\omega}\right) + \theta\right] \\
&= f\left(t + \dfrac{2\pi}{\omega}\right)
\end{aligned}
$$

根据定义，所以函数的周期 $T = \dfrac{2\pi}{\omega}$.

注：$A\tan(\omega t + \theta)$ 以及 $A\cot(\omega t + \theta)$ 的周期是 $\dfrac{\pi}{\omega}$（其中 $\omega > 0$）.

例 1.2.20 $f(x) = \sin\dfrac{1}{x}$ 是否为周期函数？

解 若 T 为 $f(x)$ 的周期，则应有
$$f(x + T) = f(x)$$
即
$$f(x + T) - f(x) = 0$$
结合本例，有
$$
\begin{aligned}
&f(x + T) - f(x) \\
&= \sin\dfrac{1}{x + T} - \sin\dfrac{1}{x} \\
&= -2\cos\dfrac{2x + T}{2x(x + T)}\sin\dfrac{T}{2x(x + T)} \\
&= 0
\end{aligned}
$$
从而应有
$$\cos\dfrac{2x + T}{2x(x + T)} = 0 \quad \text{或} \quad \sin\dfrac{T}{2x(x + T)} = 0$$

显然不存在满足上述两式的非零常数 T，所以 $f(x) = \sin\dfrac{1}{x}$ 不是周期函数.

（5）函数的连续性

这也是函数的一个重要特性，将在第二章中加以讨论.

<h2 style="text-align:center">习 题 1.1</h2>

1. 求下列函数值：

(1) 设 $f(x)=2x^2+2x-4$,求 $f(1)$,$f(x^2)$,$f(a)+f(b)$;

(2) 设函数 $f(x)=\dfrac{1}{2\sqrt{x}}-\dfrac{1}{x^2}$,求函数值 $f(4)$,$f\left(\dfrac{1}{2}\right)$;

(3) 若

$$g(x)=\begin{cases}2^x, & -1<x<0\\2, & 0\leqslant x<1\\x-1, & 1\leqslant x\leqslant 3\end{cases}$$

求 $g(3)$,$g(2)$,$g(0)$,$g(0.5)$,$g(-0.5)$;

(4) 已知函数

$$f(x)=\begin{cases}\sin x, & -2<x<0\\0, & 0\leqslant x<2\end{cases}$$

求 $f\left(-\dfrac{\pi}{4}\right)$,$f\left(\dfrac{\pi}{2}\right)$.

2. 下列各对函数是否相同,并说明理由:

(1) $y=\sin x$ 与 $y=\sqrt{1-\cos^2 x}$;

(2) $y=\dfrac{x^3-1}{x-1}$ 与 $y=x^2+x+1$.

3. 求下列函数的定义域:

(1) $y=\dfrac{1}{\sqrt{3x+4}}$;

(2) $y=\dfrac{1}{x}-\sqrt{1-x^2}$;

(3) $y=\arccos(3-x)$;

(4) $y=\sqrt{x-2}+\dfrac{1}{x-3}+\lg(5-x)$;

(5) $y=\dfrac{\sqrt{9-x^2}}{x+2}$;

(6) $y=\ln\dfrac{1}{1-x}+\sqrt{x+2}$.

4. 判断下列函数的单调性:

(1) $y=3x-6$;

(2) $y=3^{x-1}$;

(3) $y=\mathrm{e}^x+\ln x$;

(4) $y=x^2-1$.

5. 判断下列函数的奇偶性:

(1) $f(x)=\sqrt[3]{(1-x)^2}+\sqrt[3]{(1+x)^2}$;

(2) $f(x)=\lg(x+\sqrt{1+x^2})$;

(3) $f(x)=\dfrac{\mathrm{e}^x+\mathrm{e}^{-x}}{2}$;

(4) $f(x)=x^3+4$;

(5) $y=x^2-x^3$;

(6) $f(x)=\tan x+1$.

6. 下列函数中,哪个是周期函数? 若是周期函数,求出其周期.

(1) $y=\cos^2 x$;

(2) $y=2\sin\left(\dfrac{x}{2}+\dfrac{\pi}{3}\right)$.

1.3 反函数与基本初等函数

1.3.1 反函数的概念

在同一变化过程中,具有函数关系的两个变量,究竟选哪个作为自变量,哪个作为因变量,需要视问题的具体要求而定.例如,在商品销售中,已知某商品的销售单价为 P(元/件).

所以,若想从商品的销售量 x 来确定该商品的销售收入 y,那么应选销售量 x 为自变量,销售收入 y 是因变量,其函数关系是 $y=Px$;但是反过来,如果逆向思维,想由销售收入 y 来确定其销售量 x,则有 $x=\dfrac{y}{P}$. 这时我们称后一函数是前一函数的反函数,也可以说它们互为反函数.

下面给出反函数的定义.

定义 1.8 设 $y=f(x)$ 为给定的一个函数,如果对其值域 $Z(f)$ 中的任一值 y,都可以通过关系式 $y=f(x)$ 在其定义域 $D(f)$ 中确定唯一的一个 x 值与它对应,则得到一个定义在 $Z(f)$ 上的以 y 为自变量,x 为因变量的新函数,称此新函数为 $y=f(x)$ 的反函数,记作

$$x=f^{-1}(y)$$

并称原来的函数 $y=f(x)$ 为直接函数.

习惯上,我们把 $y=f(x)$ 的反函数写成

$$y=f^{-1}(x)$$

的形式,它的定义域是 $D(f^{-1})=Z(f)$,其值域是 $Z(f^{-1})=D(f)$.

注意:反函数 $y=f^{-1}(x)$ 的图形与直接函数 $y=f(x)$ 的图形对称于直线 $y=x$. 如对数函数与指数函数的图形便是这样,如图 1.8 所示.

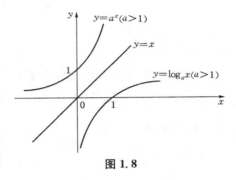

图 1.8

例 1.3.1 设某商品的市场供应量 Q 和商品价格 P 之间存在如下的线性关系:

$$Q=Q(P)=a+kP \qquad (P \geqslant 0)$$

则它的反函数为

$$P=P(Q)=\frac{Q-a}{k}$$

前面的直接函数反映了价格对商品供应量的影响,说明厂商将根据市场价格来确定自己对市场的供应量;后面的反函数反映了供应量对商品价格的影响,说明市场将根据供应量来调整该商品的价格. 由此可见,直接函数及其反函数并不是相同的两个函数,它们有着各自不同的背景、内涵和解释.

例 1.3.2 求函数 $y=1+\ln(x+2)(x>-2)$ 的反函数.

解 由 $y=1+\ln(x+2)$ 可得 $x=e^{y-1}-2$.

所以 函数 $y=1+\ln(x+2)(x>-2)$ 的反函数是 $y=e^{x-1}-2$.

注意:(1) 函数 f 和它的反函数 f^{-1} 是不相同的两个函数,这是因为:

① 对应规则不同,直接函数的对应规则是 f,而反函数的对应规则是 f^{-1}.

② 定义域也不同,反函数的定义域是直接函数的值域,而反函数的值域是直接函数的定义域.

(2) 由反函数的定义可知,如果函数 $y=f(x)$ 存在反函数,则 x 与 y 之间的关系必定是一一对应的函数关系.

那么,什么是一一对应的函数关系呢? 我们给出以下定义.

定义 1.9 设 f 是一个由实数集 X 到实数集 Y 的函数关系,如果一个 $x \in X$,只和一个

$y \in Y$ 对应,而且一个 $y \in Y$,只和一个 $x \in X$ 对应,则将这种函数关系称为一一对应的函数关系.

利用一一对应的函数关系,可以判断一个函数是否存在反函数.

(3) 如果函数 $y = f(x)$ 的反函数是 $y = f^{-1}(x)$,则函数 $y = f^{-1}(x)$ 的反函数就是 $y = f(x)$. 也就是说 $y = f(x)$ 和 $y = f^{-1}(x)$ 互为反函数.

最后,我们给出反函数的存在定理.

定理 1.1 若函数 $y = f(x)$ 在 $x \in X$ 上严格单增(或严格单减),则函数 $y = f(x)$ 存在反函数,且其反函数 $x = f^{-1}(y)$ 在 $y \in f(X)$ 上也严格单增(或严格单减).

利用反函数的存在定理,只要判断所给函数在所讨论的区间中是否严格单调,就可确定其反函数是否存在.

例 1.3.3 判断函数 $y = e^x$,$x \in (-\infty, +\infty)$ 是否存在反函数?

解 因为 $y = e^x$ 在 $x \in (-\infty, +\infty)$ 上严格单增,所以 $y = e^x$ 存在反函数 $y = \ln x$,$x \in (0, +\infty)$,且反函数 $y = \ln x$ 在 $x \in (0, +\infty)$ 上也严格单增.

1.3.2　基本初等函数

下列函数称为基本初等函数:

① 常数:$y = C$;

② 幂函数:$y = x^\alpha$(α 是实数);

③ 指数函数:$y = a^x$($a > 0, a \neq 1$);

④ 对数函数:$y = \log_a x$($a > 0, a \neq 1$);

⑤ 三角函数:
$$y = \sin x, \quad y = \cos x, \quad y = \tan x,$$
$$y = \cot x, \quad y = \sec x, \quad y = \csc x;$$

⑥ 反三角函数:
$$y = \arcsin x, \quad y = \arccos x, \quad y = \arctan x,$$
$$y = \text{arccot } x, \quad y = \text{arcsec } x, \quad y = \text{arccsc } x.$$

这些函数是形成其他一切常见的所谓初等函数的基础,了解并熟悉它们,对学习微积分是非常必要的.

(1) 常数 $y = C$

它的定义域是 $(-\infty, +\infty)$,图形为平行与 x 轴,截距为 C 的直线(如图 1.9 所示).

(2) 幂函数 $y = x^\alpha$(α 是实数)

常用的有 $\alpha = 0, 1, 2, 3, \dfrac{1}{2}, \dfrac{1}{3}, -1, -2$ 等几

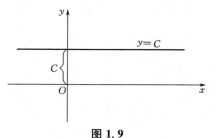

图 1.9

种情形.当 $\alpha = 0$ 时,$y = 1$ 是常数;$\alpha = 1$ 时,$y = x$ 是正比函数;当 $\alpha = 2$ 时,$y = x^2$ 是平方抛物线;当 $\alpha = 3$ 时,$y = x^3$ 是立方抛物线;当 $\alpha = \dfrac{1}{2}$ 时,$y = \sqrt{x}$ 是抛物线的一支;当 $\alpha = -1$ 时,$y = \dfrac{1}{x}$ 是反比函数,图形是等轴双曲线;当 $\alpha = -2$ 时,$y = \dfrac{1}{x^2}$ 是平方反比函数等等.

幂函数的定义域与 α 有关,如 $\alpha = \dfrac{1}{2}$ 时,定义域是 $[0, +\infty)$;$\alpha = \dfrac{1}{3}$ 时,定义域是 $(-\infty, +\infty)$;$\alpha = -1$ 时,定义域是 $(-\infty, 0) \bigcup (0, +\infty)$. 但是不论 α 为何值,$y = x^\alpha$ 在 $(0, +\infty)$ 区间内总有定义,而且图形都经过 $(1, 1)$ 点. 几种常见的幂函数图形如下:

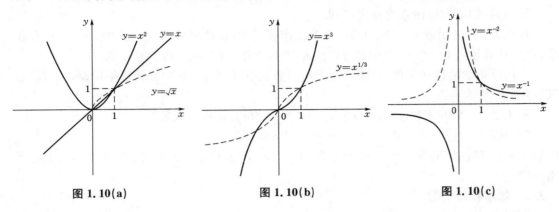

图 1.10(a)　　　　　　　图 1.10(b)　　　　　　　图 1.10(c)

幂函数有以下性质:

① 奇次方时为奇函数,偶次方时为偶函数.

② $\alpha > 0$ 时,图形通过 $(0, 0)$,$(1, 1)$ 两点,是抛物线,在区间 $[0, +\infty)$ 内曲线上升,函数单调增加;$\alpha < 0$ 时,图形通过 $(1, 1)$ 点,在区间 $(0, +\infty)$ 内曲线下降,函数单调减少,并以 x 轴,y 轴为渐进线.

（3）指数函数 $y = a^x (a > 0, a \neq 1)$

常用的指数函数有 $y = 10^x$,$y = \mathrm{e}^x (\mathrm{e} \approx 2.718\ 281\ 8)$,$y = \left(\dfrac{1}{\mathrm{e}}\right)^x = \mathrm{e}^{-x}$ 等. 指数函数的图形如图 1.11 所示.

指数函数有以下性质:

① 定义域是 $(-\infty, +\infty)$,值域是 $(0, +\infty)$,函数的图形在 x 轴上方.

② x 轴是它的水平渐进线,所有指数函数的图形都通过 $(0, 1)$ 点.

③ 若 $a > 1$,指数函数单调增加,曲线上升;若 $0 < a < 1$,指数函数单调减少,曲线下降.

④ 由于 $y = \left(\dfrac{1}{a}\right)^x = a^{-x}$,所以 $y = a^x$ 与 $y = \left(\dfrac{1}{a}\right)^x$ 的图形对称于 y 轴.

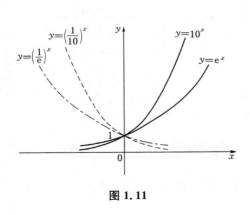

图 1.11

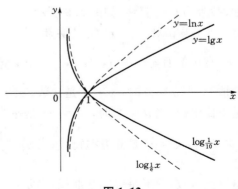

图 1.12

（4）对数函数 $y=\log_a x\,(a>0,a\neq1)$

$a=10$ 时，为常用对数，记作 $y=\lg x$；$a=\mathrm{e}$ 时，为自然对数，记作 $y=\ln x$．由于对数函数 $y=\log_a x$ 和指数函数 $y=a^x$ 互为反函数，因此它们的定义域和值域正好相反，并且对数函数和指数函数的图形是关于直线 $y=x$ 对称．所以只要知道指数函数的图形，按照反函数的作图法，就可以画出相应的对数函数的图形了．对数函数的图形如图 1.12 所示．

对数函数有以下性质：

① 定义域是 $(0,+\infty)$，值域是 $(-\infty,+\infty)$，函数的图形在 y 轴的右方．

② y 轴是它的垂直渐进线，所有对数函数的图形都通过 $(1,0)$ 点．

③ 若 $a>1$，函数单调增加，曲线上升；若 $0<a<1$，函数单调减少，曲线下降．

④ 由于 $y=\log_{\frac{1}{a}}x=\dfrac{\log_a x}{\log_a\dfrac{1}{a}}=-\log_a x$，所以 $y=\log_a x$ 与 $y=\log_{\frac{1}{a}}x$ 的图形对称于 x 轴．

（5）三角函数

正弦函数、余弦函数、正切函数、余切函数是最主要的三角函数．三角函数的自变量用角的弧度表示，它们的图形如下：

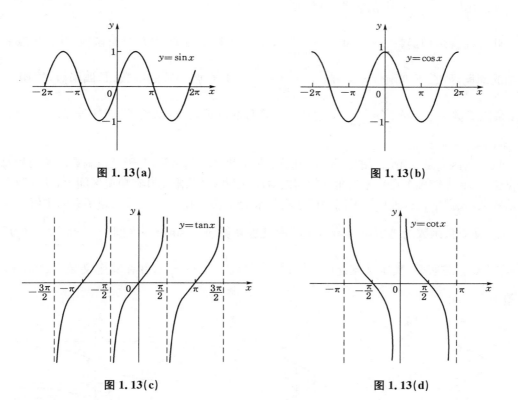

图 1.13(a)　　　　　　　　　　　　　图 1.13(b)

图 1.13(c)　　　　　　　　　　　　　图 1.13(d)

① 正弦函数 $y=\sin x$

Ⅰ．定义域是 $(-\infty,+\infty)$，值域是 $[-1,1]$．

Ⅱ．对称性：由于 $\sin(-x)=-\sin x$，所以 $y=\sin x$ 是奇函数，图形对称于原点．

Ⅲ．截距：若 $y=0$，则 $x=n\pi\,(n=0,\pm1,\pm2,\cdots)$．

Ⅳ．周期性：由于 $\sin(x+2n\pi)=\sin x\,(n=0,\pm1,\pm2,\cdots)$，所以周期 $T=2\pi$．

Ⅴ. 在 $\left[-\dfrac{\pi}{2}, \dfrac{\pi}{2}\right]$ 上函数单调增加.

② 余弦函数 $y = \cos x$

Ⅰ. 定义域是 $(-\infty, +\infty)$，值域是 $[-1, 1]$.

Ⅱ. 对称性：由于 $\cos(-x) = \cos x$，所以 $y = \cos x$ 是偶函数，图形对称于 y 轴.

Ⅲ. 截距：若 $y = 0$，则 $x = \dfrac{\pi}{2} + n\pi (n = 0, \pm 1, \pm 2, \cdots)$.

Ⅳ. 周期性：由于 $\cos(x + 2n\pi) = \cos x (n = 0, \pm 1, \pm 2, \cdots)$，所以周期 $T = 2\pi$.

Ⅴ. 在 $[0, \pi]$ 上函数单调减少.

③ 正切函数 $y = \tan x$

Ⅰ. 定义域是 $x \neq \dfrac{\pi}{2} + n\pi (n = 0, \pm 1, \pm 2, \cdots)$，值域是 $(-\infty, +\infty)$.

Ⅱ. 对称性：由于 $\tan(-x) = -\tan x$，所以 $y = \tan x$ 是奇函数，图形对称于原点.

Ⅲ. 截距：若 $y = 0$，则 $x = n\pi (n = 0, \pm 1, \pm 2, \cdots)$.

Ⅳ. 周期性：由于 $\tan(x + n\pi) = \tan x (n = 0, \pm 1, \pm 2, \cdots)$，所以周期 $T = \pi$.

Ⅴ. 在 $\left(-\dfrac{\pi}{2}, \dfrac{\pi}{2}\right)$ 内函数单调增加.

此外尚有余切函数 $y = \cot x = \dfrac{1}{\tan x}$，它是正切函数的倒数，是奇函数，并且是以 π 为周期的周期函数. 正割函数 $y = \sec x = \dfrac{1}{\cos x}$，它是余弦函数的倒数，是偶函数，周期 $T = 2\pi$. 余割函数 $y = \csc x = \dfrac{1}{\sin x}$，它是正弦函数的倒数，是奇函数，周期 $T = 2\pi$.

（6）反三角函数

反三角函数是三角函数的反函数. 由于三角函数是周期函数，对于三角函数值域内的每一个 y 值，都有无穷多个自变量的角度值与之对应. 因此，必须限制其在单调区间上，才能建立反三角函数. 我们把在这种单调区间上所建立起来的反三角函数，称为反三角函数的主值.

① 反正弦函数的主值 $y = \arcsin x$，是正弦函数 $y = \sin x$ 在区间 $\left[-\dfrac{\pi}{2}, \dfrac{\pi}{2}\right]$ 上的反函数，亦称反正弦函数. 其定义域是 $[-1, 1]$，值域是 $\left[-\dfrac{\pi}{2}, \dfrac{\pi}{2}\right]$，并在其定义域上严格单增. 如图 1.14(a).

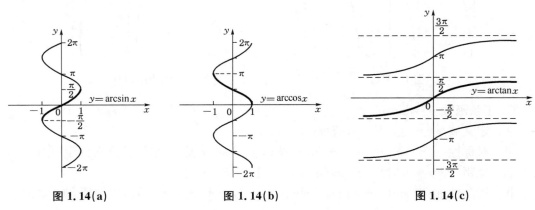

图 1.14(a)　　　　　　图 1.14(b)　　　　　　图 1.14(c)

② 反余弦函数的主值 $y = \arccos x$，是余弦函数 $y = \cos x$ 在区间 $[0, \pi]$ 上的反函数，亦称反余弦函数. 其定义域是 $[-1, 1]$，值域是 $[0, \pi]$，并在其定义域上严格单减. 如图1.14(b).

③ 反正切函数的主值 $y = \arctan x$，是正切函数 $y = \tan x$ 在区间 $\left(-\dfrac{\pi}{2}, \dfrac{\pi}{2}\right)$ 内的反函数，亦称反正切函数. 其定义域是 $(-\infty, +\infty)$，值域是 $\left(-\dfrac{\pi}{2}, \dfrac{\pi}{2}\right)$，并在其定义域上严格单增.

此外，还有反余切函数的主值 $y = \operatorname{arccot} x$，反正割函数的主值 $y = \operatorname{arcsec} x$，反余割函数的主值 $y = \operatorname{arccsc} x$，它们都是 $y = \cot x$，$y = \sec x$，$y = \csc x$ 在其主值区间内的反函数.

最后，不难证明：

$$\arcsin x + \arccos x = \frac{\pi}{2}$$

$$\arctan x + \operatorname{arccot} x = \frac{\pi}{2}$$

(1.5)

习 题 1.2

1. 求下列函数的反函数：

(1) $y = \dfrac{1-x}{1+x}$;

(2) $y = 2x - 3$;

(3) $y = \dfrac{2^x}{2^x + 1}$;

(4) $y = \mathrm{e}^{2x+5}$.

2. 某企业每天的总成本 C 是它的日产量 x 的函数：$C = 150 + 7x$，企业每天的最大生产能力是 100 个产量单位，试求成本函数的定义域和值域.

3. 某产品每次售出 1 000 件，定价为 200 元/件，当售出量不超过 800 件时，按原价售出，超过 800 件的部分按原价的九折出售，试将售出金额表示为销售量的函数.

4. 已知某产品价格 P 和需求量 D 可用关系式 $3P + D = 60$ 表示.

(1) 求需求函数 $D(P)$ 并作图；

(2) 求总收入函数 $R(D)$ 并作图；

(3) 求 $P(0)$，$P(1)$，$P(6)$ 以及 $R(7)$，$R(1.5)$，$R(5.5)$.

1.4　经济函数

在经济学上有些专门的函数，叫做经济函数，是经济学的主要研究对象之一. 下面我们就来介绍经济函数的一些例子.

1.4.1　需求函数

西方经济学认为，消费者对某种商品的需求，必须具备两个条件：①消费者愿意购买；②消费者有支付能力. 也就是说，只有消费者（购买者）同时具备了购买商品的欲望和支付能力两个条件，才能称得上需求. 但是，我们知道，影响需求的因素很多，如人口、收入、财产、该商品的价格、其他相关商品的价格以及消费者的兴趣爱好等. 在所考虑的时间范围内，如果影响需求量的因素主要是价格因素，即人们主要关注商品的价格以决定他对商品的需求，而不在乎其他因素的影响时，这时，我们可把其他因素看成不变，则商品的需求量 Q_d 就是价

格 P 的函数 $Q_d = Q_d(P)$ 了,称为需求函数. 需求函数的图形称为需求曲线. 在线性模型中,一般可设

$$Q_d = Q_d(P) = \alpha - \beta P \qquad (P \geqslant 0)$$

式中 α, β 为常数,且 $\alpha, \beta > 0$,它是一条直线,并且是单调减少的. 因此我们知道,当商品的价格上升时,它的社会需求量就会减少,所以直线的斜率 $-\beta < 0$ (如图 1.15 所示).

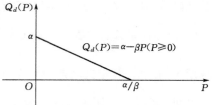

图 1.15

在上述函数中,令 $P = 0$,可得该商品的最大社会需求量为 $(Q_d)_{max} = \alpha$,也就是市场对该商品的饱和需求量;当 $Q_d = 0$ 时,可求得最高销售单价 $P_{max} = \alpha / \beta$,它表示当价格上涨到 α / β 时,就没有人愿意去购买该商品了.

1.4.2 供应函数

供应和需求是相互对应的两个概念,需求是就购买者而言,而供应则是对生产者而言的. 所谓供应(又称供给),按照西方经济学的观点,是指某一时期内,在一定的价格条件下,生产者愿意并且能够出售的商品. 生产者为提供一定量商品所愿意接受的价格,称之为供应价格. 同样,商品的社会供应量和许多因素有关,它不仅与该商品的供应价格有关,而且还与生产中投入的成本要素及生产技术水平、相关商品的价格以及厂商对未来行情的预测等因素有关. 在市场经济的条件下,由于受价值规律的作用,商品价格对商品供应的影响很大,因为价格越高,厂商愿意提供的商品数量就越多,反之,愿意提供的数量就越少. 供应函数是讨论在其他因素不变的条件下,供应价格与商品供应量的数量关系的函数:

$$Q_s = Q_s(P)$$

其中供应价格 P 是自变量,商品供应量 Q_s 是因变量. 供应函数的图形称为供应曲线. 在最简单的线性函数关系中,供应函数的一般形式是

$$Q_s = Q_s(P) = -\delta + rP$$

式中 δ, r 为常量,且 $\delta, r > 0$. 它是一条直线,并且是单调增加的(如图 1.16 所示).

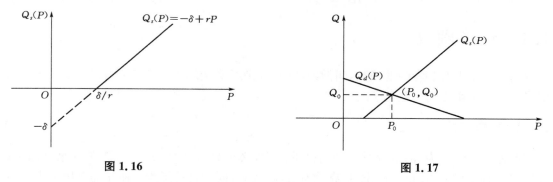

图 1.16   图 1.17

令 $Q_s(P) = 0$,得到供应价格的最低限:$P_{min} = \delta / r$. 这表明,只有当实际价格 $P > \delta / r$ 时,生产者才愿意供应该商品.

注意:在同一坐标系中,作出需求函数和供应函数的图形,它们的交点 (P_0, Q_0) 就是供需平衡点,P_0 称之为均衡价格(如图 1.17 所示).

1.4.3 生产函数

所谓生产函数是指在生产过程中,投入与产出的关系. 一般地说,某一产品的产出,与许多方面投入的生产要素都有关,包括资金和劳动力等多种要素,与关联产品的产出也有关. 但是,为了简单起见,往往假定只有一个投入量变化,而令其他因素不变,这时某一投入变量与其相应的产出之间的函数关系,就是生产函数. 例如,在电力输送过程中,如用 x 表示能量输入,则能量输出为

$$y = f(x) = -C + \sqrt{C^2 + Cx}$$

式中 $C > 0$ 为容量参数.

1.4.4 消费函数

经济学经常研究消费和收入之间的关系,一般说,消费依赖于收入,所以消费是收入的函数,称为消费函数. 很明显,消费随着收入的增加而增加,表明人民生活水平在逐步提高. 例如:

$$F(x) = c + dx$$

就是消费函数的例子. 其中 x 表示收入,$F(x)$ 表示消费.

1.4.5 成本函数

成本函数 $C = C(x)$ 是表示当产出为 x 时(如产品产量)所需要的货币成本.
在成本分析中,认为

$$\text{产品总成本} = \text{固定成本总额} + \text{变动成本总额}$$

固定成本总额是指支付固定生产要素的费用,包括厂房、机器设备的折旧费用、广告费、职工培训费以及管理人员的工资等;变动成本总额是指支付变动生产要素的费用,包括生产过程中所消耗的原材料、燃料动力的支出以及生产工人的工资等所谓的直接材料费、直接人工费以及变动制造费用,它随着生产量的变动而变动.

作为实际情况的一种近似,假定成本模型是线性的,可得某一产品总成本 C 与产品产量 x 之间的函数关系是

$$C = C(x) = a + bx \qquad (x \geqslant 0)$$

式中 a 表示固定成本总额,bx 是变动成本总额,而 b 是单位变动成本,即产量每变动一个单位时的成本变动金额(如图 1.18 所示).

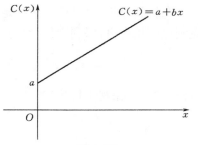

图 1.18

1.4.6 收入函数

产品的总收入是生产者出售一定数量的产品所得到的全部收入,用 P 表示产品的出厂价格,它在一定时期内不变,看作常数,x 表示生产量. 在生产量等于销售量时的产销平衡状态下,某一产品的总收入函数是

$$R = R(x) = Px$$

1.4.7 利润函数

产品的总利润,是产销该产品获得的总收入与投入的总成本之差,即

$$L(x) = R(x) - C(x)$$

将前面的结果代入上式,即得总利润函数为

$$L(x) = Px - (a + bx) = (P - b)x - a \qquad (1.6)$$

在会计学中,称上式为本·量·利分析的基本公式,并称 $L(x)$ 为销售利润或税前净利,即未交所得税以前所获得的利润.交完所得税以后的剩余利润,叫做税后净利.税后净利归企业和职工所有.

1.4.8 经济函数在经济管理中的应用

经济函数在经济管理工作中有着广泛的应用,仅就总利润函数为例,就有着很多有价值的应用.例如可用它来进行保本分析和保利分析以及其他分析.保本分析,又叫盈亏平衡分析,是指既不亏本、又不赢利的条件下,即销售利润等于零时的产品销售量或销售金额.令公式(1.6)中的 $L(x) = 0$,得到

$$L(x_0) = (P - b)x_0 - a = 0$$

所以,保本销售量为

$$x_0 = \frac{a}{P - b}$$

保本销售额为

$$Px_0 = P \cdot \frac{a}{P - b} = \frac{a}{1 - \dfrac{b}{P}} \qquad (1.7)$$

在保利分析中,设产品在一定时期的税前利润目标为 $L'_{\text{前}}$,令销售利润 $L(x) = L'_{\text{前}}$,同样得到目标销售量(保利销售量)为

$$x' = \frac{a + L'_{\text{前}}}{P - b}$$

目标销售额(保利销售额)为

$$Px' = \frac{a + L'_{\text{前}}}{1 - \dfrac{b}{P}} \qquad (1.8)$$

下面举两个营销方面的实例.

例 1.4.1 某皮件厂生产一个旅行袋的材料和加工成本是 30 元,而每天的固定成本总额是 10 000 元,如果每个旅行袋的出厂价格定为 50 元,求在产销平衡状态下的保本销售量和保本销售额是多少?

解 依题意,有

$$a = 10\,000 \text{ 元}, \ b = 30 \text{ 元} / \text{个}, \ P = 50 \text{ 元} / \text{个}$$

故保本销售量为

$$x_0 = \frac{a}{P-b} = \frac{10\,000}{50-30} = 500(\text{个})$$

保本销售额

$$Px_0 = 50 \times 500 = 25\,000(\text{元})$$

即每天必须生产 500 个旅行袋或每天的销售额达到 25 000 元时才能保本.

例 1.4.2   在例 1.4.1 中,如果皮件厂规定每天的税前目标利润为 2 000 元,问该厂每天必须生产多少个旅行袋才能实现税前目标利润?

解   目标销售量为

$$x' = \frac{a + L'_{\text{前}}}{P-b}$$
$$= \frac{10\,000 + 2\,000}{50 - 30}$$
$$= \frac{12\,000}{20}$$
$$= 600(\text{个})$$

即每天必须产销 600 个旅行袋才能实现 2 000 元的税前利润目标.

除此而外,在供需平衡分析中,我们还可以利用需求函数和供应函数来求商品的平衡需求量和平衡价格(见下例).

例 1.4.3   生产一种设备,日产 100 台,每日的固定成本为 1 000 元,每台的平均可变成本为 30 元.

(1) 求该设备日总成本函数和平均成本函数.

(2) 写出单价 150 元时的利润函数及盈亏平衡点.

解   (1) 设该设备产量为 x 台.

故日总成本函数　$C(x) = 1\,000 + 30x$　　　$(0 < x \leqslant 100)$

平均成本函数　　$\overline{C(x)} = \frac{1\,000 + 30x}{x} = \frac{1\,000}{x} + 30$　　　$(0 < x \leqslant 100)$

(2) 利润函数 $R(x) = L(x) - C(x) = 150x - 1\,000 - 30x = 120x - 1\,000$

当 $R(x) = 0$ 时,$x = \frac{25}{3}$(台),故盈亏平衡点为 $\frac{25}{3}$ 台.

总之,经济函数在经济管理中有着非常广泛的应用. 它们在各种专业课程中都会经常出现,同时还会由此引发许多非常有用的公式. 到那时,不妨提醒大家采用数学方法去加以推导,这样做虽然有些麻烦,但可以加深你对公式的理解和认识.

1.5   复合函数、初等函数

1.5.1   复合函数

设某产品的生产成本依赖于产量的变化是

$$C(x) = a + bx + cx^2$$

而产量又随时间而变化,即

$$x = x(t) = \alpha + \beta t$$

其中 a, b, c, α, β 均为常数. 现在要了解成本直接随时间而变化的规律,于是就有

$$C(t) = C[x(t)] = a + b(\beta t + \alpha) + c(\beta t + \alpha)^2$$

这就是一个复合函数的例子. 它是由两个较简单的函数"复合"而成的.

定义 1.10 设 y 是 u 的函数 $y = f(u)$,而 u 又是 x 的函数 $u = \varphi(x)$, D 表示 $\varphi(x)$ 的定义域或其一部分. 如果对于 x 在 D 上取值时所对应的 u 值,函数 $y = f(u)$ 是有定义的,则 y 成为 x 的函数,记为

$$y = f[\varphi(x)]$$

这个函数叫做由 $y = f(u)$ 及 $u = \varphi(x)$ 复合而成的复合函数,它的定义域是 D , u 叫做中间变量.

构成复合函数的函数 $y = f(u)$ 和 $u = \varphi(x)$ 都是一些简单函数,而这些简单函数不再是复合函数. 所以对于一个复合函数,可以从外到内,一层一层地拆成几个简单函数,这叫做复合函数的分解. 因为最简单的函数是基本初等函数和由基本初等函数通过四则运算而成的函数,所以分解后的每一个简单函数,都是基本初等函数或由基本初等函数通过四则运算而成的函数.

此外,用以形成复合函数的中间变量可以不止一个,即复合函数可以由更多个简单函数通过较多的步骤——复合步骤完成.

在现代数学中,复合函数还往往用集合来定义,这种定义方式是和定义 1.10 等价的.

定义 1.11 设 $y = f(u)$,而 $u = \varphi(x)$. $u = \varphi(x)$ 的定义域是 X , $y = f(u)$ 的定义域是 U . 如果存在 $D \subset X$,当 $x \in D$ 时, $u = \varphi(x)$ 的值域 $U' \subset U$,则 y 成为 x 的函数,记为

$$y = f[\varphi(x)]$$

这个函数叫做由函数 $y = f(u)$ 及 $u = \varphi(x)$ 复合而成的复合函数,它的定义域是 D , u 叫做中间变量(定义中的 D, X, U, U' 都是实数集).

不难看出,由定义 1.11 更能加深对定义 1.10 的理解.

例 1.5.1 由反三角函数 $y = \arccos u$ 和多项式 $u = \dfrac{1}{2} + x$ 复合而成的复合函数是 $y = \arccos\left(\dfrac{1}{2} + x\right)$.

这里, $u = \dfrac{1}{2} + x$ 的定义域是 $x = (-\infty, \infty)$,它的值域 $U = (-\infty, +\infty)$; $y = \arccos u$ 的定义域 $U' = [-1, 1]$.

可见 $U' \subset U$,于是复合函数 $y = \arccos\left(\dfrac{1}{2} + x\right)$ 的定义域是 $D = \left[-\dfrac{3}{2}, \dfrac{1}{2}\right]$.

例 1.5.2 由幂函数 $y = \sqrt{u}$,多项式 $u = 1 + v^2$ 和三角函数 $v = \cos x$ 复合而成的复合函数是

$$y = \sqrt{1 + \cos^2 x}$$

由于

$$\begin{cases} X = (-\infty, +\infty) \\ V' = [-1, +1] \end{cases} \qquad \begin{cases} V = (-\infty, +\infty) \\ U' = [1, +\infty] \end{cases}$$

$$U = [0, +\infty)$$

可见，$U' \subset U, V' \subset V$，所以复合函数 $y = \sqrt{1 + \cos^2 x}$ 的定义域是

$$D = X = (-\infty, +\infty)$$

例 1.5.3 求下列函数的定义域，并指出这些函数是由哪些简单函数复合而成.

(1) $y = \arccos \dfrac{2}{x}$ ；　　　　(2) $y = \sqrt{\ln(2x-1)}$.

解 (1) $y = \arccos \dfrac{2}{x}$ 是由 $y = \arccos u$ 和 $u = \dfrac{2}{x}$ 复合而成，复合函数 $y = \arccos \dfrac{2}{x}$ 的定义域也可以这样求得：当 $\left| \dfrac{2}{x} \right| \leqslant 1$，即 $-1 \leqslant \dfrac{2}{x} \leqslant 1$ 时，函数有定义.

解此不等式，得 $x \leqslant -2$ 或 $x \geqslant 2$.
所以函数的定义域 $D = (-\infty, -2] \bigcup [2, +\infty)$.

(2) $y = \sqrt{\ln(2x-1)}$ 是由 $y = u^{\frac{1}{2}}$，$u = \ln v$，$v = 2x-1$ 复合而成，复合函数 $y = \sqrt{\ln(2x-1)}$ 的定义域可以这样决定：当 $\ln(2x-1) \geqslant 0$ 时，函数有定义.

这样就有 $2x - 1 \geqslant 1$
所以 $x \geqslant 1$.
因此函数的定义域是 $D = [1, +\infty)$.

例 1.5.4 求复合函数的 $y = \arcsin\sqrt{x^2-1}$ 定义域.

解 由 $y = \arcsin\sqrt{x^2-1}$ 可知，当 $-1 \leqslant \sqrt{x^2-1} \leqslant 1$ 时，函数有定义.
这就要求 $x^2 - 1 \geqslant 0$，$x^2 - 1 \leqslant 1$.
所以函数的定义域是 $[-\sqrt{2}, -1] \bigcup [1, \sqrt{2}]$.

例 1.5.5 设函数 $f(x)$ 的定义域为 $[0, 1]$，求 (1) $f(x^2)$；(2) $f(x+a)(a>0)$ 的定义域.

解 (1) 设 $u = x^2$，则 $f(x^2)$ 是由 $y = f(u)$ 和 $u = x^2$ 复合而成的复合函数.
由已知 $f(x)$ 的定义域，即

$$0 \leqslant u \leqslant 1$$

也就是 $0 \leqslant x^2 \leqslant 1$.

解得 $-1 \leqslant x \leqslant 1$.
所以 $f(x^2)$ 的定义域是 $D = [-1, 1]$.

(2) 设 $u = x+a$，则 $f(x+a)$ 是由 $y = f(u)$ 和 $u = x+a$ 复合而成的复合函数：由已知 $f(x)$ 的定义域，即

$$0 \leqslant u \leqslant 1$$

也就是

$$0 \leqslant x+a \leqslant 1 \ (a>0).$$

解得 $-a \leqslant x \leqslant 1-a$.
所以 $f(x+a)$ 的定义域是 $D = [-a, 1-a]$.

例 1.5.6 设某商品的需求量 x 和价格 P 之间的关系是 $x+2P=300$，又该商品的销售收入 R 和价格 P 的关系是 $R=300P-2P^2$，求销售收入 R 对需求量 x 的函数.

解 由 $x+2P=300$ 得

$$P=150-\frac{x}{2}$$

所以

$$
\begin{aligned}
R &= 300P-2P^2 \\
&= 300\left(150-\frac{x}{2}\right)-2\left(150-\frac{x}{2}\right)^2 \\
&= 150x-\frac{1}{2}x^2 \qquad (x\geqslant 0)
\end{aligned}
$$

注意：(1) 两个函数 $y=f(u)(u\in U)$ 和 $u=\varphi(x)(x\in X)$ 复合是有条件的，条件就是：

当 $U'\bigcap U\neq\varnothing$（其中 U' 是 $u=\varphi(x)$ 的值域）时，则在 $D=\{x\mid\varphi(x)\in U'\bigcap U\}$ 上，可以构成一个复合函数：

$$y=f[\varphi(x)] \qquad (x\in D)$$

很显然，复合函数的定义域 $D\subset X$，如例 1.5.4 就是这样，读者可自行验证.

如果 $U'\bigcap U=\varnothing$，即 U' 与 U 不相交时，则 $y=f(u)$ 和 $u=\varphi(x)$ 不能构成一个复合函数. 例如：

$$y=\arcsin u \quad 和 \quad u=2+x^2$$

就不能构成一个复合函数，即使把它们形式上复合起来

$$y=\arcsin(2+x^2)$$

而实质上它并不是一个函数. 因为 $y=\arcsin u$ 的定义域是 $[-1,1]$，而 $u=2+x^2$ 的值却永远大于 1，所以 $y=\arcsin(2+x^2)$ 对任何 x 都没有意义.

(2) 要注意复合函数的复合步骤. 即要分清一个复合函数是由哪些简单函数，经过哪些程序复合而成的. 为了掌握这方面的技巧，下面我们再举两个例子.

例 1.5.7 函数 $y=\ln[\arcsin(x^2+1)]$ 是由 $y=\ln u$，$u=\arcsin v$，$v=x^2+1$ 复合而成的.

如果把这个函数看成是由 $y=\ln u$，$u=\arcsin v$，$v=t+1$，$t=x^2$ 是不恰当的. 把 $v=t+1$，$t=x^2$ 分解是多余的，会给其他运算带来麻烦.

例 1.5.8 函数 $y=\sin^2(\sqrt{x^2+1})$ 是由 $y=u^2$，$u=\sin v$，$v=t^{\frac{1}{2}}$，$t=x^2+1$ 复合而成的.

如果把这个函数看成是由 $y=\sin^2 v$，$v=t^{\frac{1}{2}}$，$t=x^2+1$ 复合而成的，也不恰当. 因为 $y=\sin^2 v$ 实际上还是复合函数，它还可以再往下分解. 特别需要注意的是，复合函数分解的最后结果都应是一些简单函数.

1.5.2 初等函数

高等数学中，所研究的函数主要是初等函数. 所谓初等函数，是指由基本初等函数经过

有限次的四则运算(加、减、乘、除)和有限次的函数复合步骤所构成的只用一个数学式子表示的函数. 例如上面所讨论的函数:

$$y = \mathrm{e}^{x^2}, \ y = \sqrt{1 + \cos^2 x}, \ y = \ln(x + \sqrt{1 + x^2})$$

等等,都是初等函数.

必须注意,不是用一个解析式子表示的函数不是初等函数,例如分段函数

$$y = \begin{cases} x^2 & (x > a) \\ x + 1 & (x \leqslant a) \end{cases}$$

就不是初等函数. 但如绝对值函数

$$y = |x|$$

虽然也是分段函数

$$y = |x| = \begin{cases} x & (x \geqslant 0) \\ -x & (x < 0) \end{cases}$$

但是改写后却可以用一个解析式子表示:

$$y = |x| = \sqrt{x^2}$$

所以绝对值函数 $y = |x|$ 仍然是初等函数.

1.5.3 初等函数的分类

初等函数 $\begin{cases} \text{代数函数} \begin{cases} \text{有理函数} \begin{cases} \text{有理整函数} \\ \text{有理分式函数} \end{cases} \\ \text{无理函数} \end{cases} \\ \text{超越函数} \end{cases}$

有理整函数,即 x 的 n 次多项式:

$$P(x) = a_0 x^n + a_1 x^{n-1} + \cdots + a_{n-1} x + a_n$$

定义域是 $(-\infty, +\infty)$

有理分式函数:

$$F(x) = \frac{P(x)}{Q(x)} = \frac{a_0 x^n + a_1 x^{n-1} + \cdots + a_{n-1} x + a_n}{b_0 x^m + b_1 x^{m-1} + \cdots + b_{m-1} x + b_m}$$

定义域由 $Q(x) \neq 0$ 来确定

无理函数——非有理函数的代数函数,叫无理函数,可由含开方运算的代数式表示

如:$y = \sqrt[3]{x^2}$, $y = \sqrt{x+6}$, $y = \dfrac{1}{\sqrt{x-1}}$ 等

超越函数——除代数函数而外的所有其他初等函数,都叫做超越函数

例如:无理指数的幂函数 $y = x^\alpha$(α 是无理数)

指数函数 $y = a^x$

对数函数 $y = \log_a x$

三角函数 $y = \sin x$, $y = \cos x$, $\cdots$

反三角函数 $y = \arcsin x$, $y = \arccos x$, $\cdots$

以及由基本初等函数经加、减、乘、除、复合运算而得的其他类型的函数,

如:$y = 2 + \mathrm{e}^x$, $y = x\sin x$, $y = \mathrm{e}^{-x}\sin x$, $y = \dfrac{\sin x}{x}$,

$$y = \frac{1}{2}(\mathrm{e}^x \pm \mathrm{e}^{-x}), \ y = A\sin(\omega t + \theta)$$

1. 下列函数能否构成复合函数?

   (1) $y = \arcsin u$, $u = 1 + x^2$;　　　　　(2) $y = \sqrt{u}$, $u = -4 - x^2$;

   (3) $y = \mathrm{e}^u$, $u = \sqrt{x^2 - 1}$;　　　　　(4) $y = u^2$, $u = \ln x$.

2. 下列函数是由哪些简单函数复合而成?

   (1) $y = \mathrm{e}^{\frac{x}{2}}$;　　　　　　　(2) $y = \cos^2(2x + 1)$;

   (3) $y = \lg(\sin \mathrm{e}^x)$;　　　　　(4) $y = \tan^2 \dfrac{1}{x}$.

3. 求下列函数的定义域:

   (1) $y = \dfrac{1}{1 - x^2} + \sqrt{x + 2}$;　　　　　(2) $y = \ln(x^2 - 1) + \arcsin \dfrac{1}{x + 1}$;

   (3) $y = \sqrt{3x - x^2}$;　　　　　(4) $y = \dfrac{x}{\sqrt{x^2 - 3x + 2}}$;

   (5) $y = \arcsin(2x - 3)$;　　　　　(6) $y = \sqrt{5 - x} + \ln(x - 1)$;

   (7) $y = \ln(\ln x)$;　　　　　(8) $y = \dfrac{\ln(x + 2)}{\sqrt{3 - x}}$.

4. 如果 $f(x) = \sqrt{x - 1}$, $g(x) = x^4$, 求 $f[g(x)]$ 和 $g[f(x)]$ 的表达式及其定义域.

5. 判断下列函数的奇偶性:

   (1) $f(x) = \dfrac{\sqrt{1 + x^2} + x^2}{\sqrt{1 + x^2} + \cos x}$;　　　　　(2) $f(x) = \dfrac{1 - \cos x + \sin^2 x}{1 + \cos x + \sin^2 x}$;

   (3) $f(x) = x + |\arctan x|$;　　　　　(4) $f(x) = \dfrac{\mathrm{e}^x \sin x}{x^2 + 2}$.

6. 设 $f(x) = \begin{cases} x + 1 & x < 1 \\ 2^x & x = 1 \\ x^2 + 1 & x > 1 \end{cases}$　(1) 确定函数的定义域;(2) 求 $f(2)$, $f(1)$, $f\left(-\dfrac{1}{2}\right)$.

7. 指出下列函数的复合过程:

   (1) $y = \tan \dfrac{1}{x^2 + 1}$;　　　　　(2) $y = \mathrm{e}^{\cos^2 x}$;

   (3) $y = \sin(2 + \lg x)$;　　　　　(4) $y = \sqrt{\ln(x + 1)}$.

8. 某城市居民用水价格为:每户每月不超过 5 吨的部分按 4 元/吨收取;超过 5 吨不超过 10 吨的部分按 6 元/吨收取;超过 10 吨的部分按 8 元/吨收取,试将用水价格表示成用水量函数.

2 极限与连续

圆周率的趣闻轶事

我们知道，圆周率是我国古代数学家刘徽采用极限方法（割圆术）最早发现的．大家知道，它是一个无理数，即无限不循环小数．可是，你知道吗？古今中外，有多少名人、学者及孜孜不倦者，他们乐道于对圆周率近似值的计算和背诵而不倦，真是令人折服．例如，我国著名桥梁专家茅以升，在少年时代就为圆周率的神秘而深深地迷恋了．有一次，在学校的新年晚会上，他表演了一个奇特而又精彩的节目——背诵圆周率到小数点后 100 位．当然是背诵如流，令人叫绝的了．甚至到了 90 岁高龄时，他还童心不减，和一位上海少年作过一次圆周率的背诵比赛呢，竟也双双背到小数点后的第 100 位而无一差错，这在当时，是实属难得，令人赞叹不已的．

古今中外，背诵圆周率的趣闻轶事多多，其中创纪录者不胜枚举．如今，世界上背诵圆周率的"吉尼斯世界纪录"的创造者是日本人寄英哲．已经 50 多岁的寄英哲竟能在 3 个小时内背诵圆周率达小数点后 15 151 位数字．假如把这些数字排列起来，这将是一本 20 页的小册子啊，你说妙哉不妙哉，佩服不佩服？那么究竟他们用怎样的方法去记住这些枯燥无味的数字呢？我们不得而知．但有一例，值得我们去思索、去借鉴的．它是这样：解放以前，浙江某地有座山，山上有一个寺，山下有一所学校，校内有一名数学老师，他经常上山和寺内的和尚饮酒、下棋、取乐．有一天，他又要上山了，可那么多学生扔在一边让他有些发难了，于是他就想出了一招，布置学生去背诵圆周率到小数点后的第 22 位，即 3. 141 592 653 589 793 238 462 6，以此来打发学生的时间，可是如果背不出来，则要罚站或者打手心了．谁知，等他下山回来时，学生们个个都能背诵如流，这可是让老师意想不到的．后经询问得知，原来有一位爱动脑筋、较为聪明的学生，把先生喝酒取乐之事结合要背的数字，用谐音编成了一首打油诗，诗中的情节是：

山巅一寺一壶酒，尔乐苦煞吾，把酒吃，酒杀尔，杀不死，乐而乐
3 . 14159 26535 897 932 384 626

打油诗好背，背下了打油诗，也就背下了小数点后 22 位圆周率的数字了．你看这个学生聪明不聪明，可爱不可爱啊？

迄今为止，已有人用计算机把圆周率计算到了小数点后的几亿位了．为什么有人要作如此追求而津津乐道呢？一位德国数学家曾经一语道出："圆周率的精确度可以作为衡量一个国家数学水平的标志．"这种说法虽然没有论证，但仔细推敲起来，他说得也不错，因为随着社会的进步，科学水平的提高，圆周率的精确度的确是越来越高了．而且人们的这种孜孜以求和乐此不疲，不也让人感悟到了人类在挑战极限中对未来的执著和对完美境界的追求吗？同时借此机会，我们也要向那位聪明可爱的学生，说一声"你好"，我们向你竖起大拇指，是你富于联想，巧妙应对，用智慧战胜了自我，超越了自我．

在高等数学中,极限概念是继函数概念的又一个最重要最基本的概念.这是因为,由极限概念不仅可以进一步阐明函数的连续性,而且还可以进一步推出微分和积分.也就是说,如果把函数当做是高等数学的主要研究对象,那么极限方法就是研究函数的主要工具和方法了.正是因为这样,所以在全面研究函数之前,必须首先研究函数的极限,并进而研究与极限密切联系的函数的连续性.

2.1 引出极限概念的实例

例 2.1.1 一个简单的几何问题——求圆的面积.

我们知道,求一个半径为 a 的圆的面积不是什么难事,它等于 πa^2.可是要知道这个 πa^2 当初是怎样得来的,就要应用极限的概念了.这是我国古代数学家刘徽(公元 3 世纪)利用圆的内接多边形首先推算出来的.他的方法是这样:
在半径为 a 的圆中,作一系列的内接正多边形(从内接正四边形开始,接着是正八边形、正十六边形等等,如图 2.1 所示).

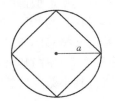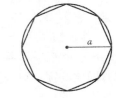

如此做下去,可以作出内接正 2^n ($n=2$,3,4,$\cdots$)边形,它的面积记为 A_n.

图 2.1

显然,n 越大,A_n 就越接近圆的面积,可是那时人们并不知道圆的面积是什么,但是圆的内接正多边形的面积是可以求出的.在求出一系列圆的内接正多边形的面积 A_n 之后,发现 $\dfrac{A_n}{a^2}$ 随着 n 的增大,就愈接近 3.141 592 6$\cdots$这个数字了,n 越大,$\dfrac{A_n}{a^2}$ 的接近程度就越好,后人用 π 来代表这个被接近的精确数字,于是得出圆的面积的精确计算公式:

$$A = \pi a^2$$

这个事实告诉我们,圆的面积可以用它的内接多边形的面积来近似代替,n 越大,这种代替就越好,当 n 无限增大时(记作 $n \to +\infty$),圆的内接正 2^n 边形就转化成圆,它的面积就转化成圆的面积了.这个转化过程,在数学上就叫做极限过程.就是说,圆的面积 A 是圆的内接正 2^n 边形面积 A_n,当 $n \to +\infty$ 时的极限,或者说 A_n 的极限是 A,有时也说 A_n 收敛于 A,并用

$$\lim_{n \to +\infty} A_n = A$$

来表示.其中"lim"是"limit"的缩写,表示极限的意思.

圆的内接正多边形的面积 A_n 与其边数有关,它是正整数 n 的函数,叫做整标函数[*],可

---

[*] 一个定义在正整数集合上的函数 $y_n = f(n)$,称为整标函数.当函数值是数,且自变量 n 按正整数 1,2,3,$\cdots$依次增大的顺序取值时,函数值按相应的顺序排成一串数:
$$f(1),\ f(2),\ f(3),\ \cdots,\ f(n),\ \cdots$$
称为一个数列,数列中的每一个数称为数列中的项,$f(n)$ 称为数列的一般项.
由于整标函数和数列之间有着这样密切的关系,所以整标函数的极限实际上就是数列的极限.

以写成

$$A_n = f(n) \qquad (n = 2, 3, 4, \cdots)$$

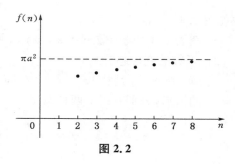

图 2.2

于是 A_n 的极限可以写成

$$\lim_{n \to +\infty} f(n) = A$$

上述 $A_n = f(n)$ 的变化情况, 可用图形 2.2 表示.

可见, 当 n 无限增大时, $f(n)$ 无限地接近于 πa^2.

例 2.1.2 我国古代学者庄子有过这样一段精辟的描述, 他说: "一尺之棰, 日取其半, 万世不竭". 这句话不仅孕育着"分之不尽"的深刻哲理, 而且也包含着极限意义. 用今天的话说, 如果设天数为 x, 棰长为 y, 则棰长与天数的关系是

$$y = \left(\frac{1}{2}\right)^x \qquad (x = 0, 1, 2, 3, \cdots)$$

把这个函数关系列成表格就是

表 2.1

x	0	1	2	3	4	$\cdots$
$y = \left(\frac{1}{2}\right)^x$	1	$\frac{1}{2}$	$\frac{1}{4}$	$\frac{1}{8}$	$\frac{1}{16}$	$\cdots$

用图形表示, 见图 2.3.

可见当 x 无限增大时, $y = \left(\frac{1}{2}\right)^x$ 就无限趋向于 0, 这就是说, $y = \left(\frac{1}{2}\right)^x$ 当 $x \to +\infty$ 时的极限是 0, 可用

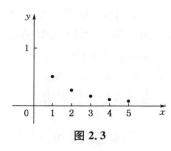

图 2.3

$$\lim_{x \to +\infty} \left(\frac{1}{2}\right)^x = 0$$

表示.

其实, 如果将 $y = \left(\frac{1}{2}\right)^x$ 的定义域由非负整数扩充到所有实数, 则

$$y = \left(\frac{1}{2}\right)^x \qquad (x \in (-\infty, +\infty))$$

它就是 $a = \frac{1}{2}$ 的指数函数了, 可见指数函数 $y = \left(\frac{1}{2}\right)^x$ 当 $x \to +\infty$ 时的极限是

$$\lim_{x \to +\infty} \left(\frac{1}{2}\right)^x = 0$$

同样

$$\lim_{x \to -\infty} 2^x = 0$$

如图 2.4 所示.

例 2.1.3 设函数 $y = \arctan x$，考察 $x \to \infty$ 和 $x \to 0$ 时，函数的变化趋势.

解 $x \to \infty$，是指 $|x| \to +\infty$，即 $x \to +\infty$ 或 $x \to -\infty$ 的情形，分别有以下两种情况：

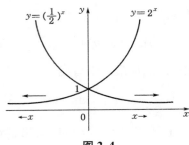

图 2.4

$$x \to +\infty \quad y = \arctan x \to \frac{\pi}{2}$$

$$x \to -\infty \quad y = \arctan x \to -\frac{\pi}{2}$$

从而 $x \to \infty$ 时，$y = \arctan x$ 的极限不存在(因为 $x \to \infty$ 时，y 不是趋向于一个确定的常数).

另外 $x \to 0$，是指 $y = \arctan x \to 0$.
因此

$$\lim_{x \to 0} y = \lim_{x \to 0} \arctan x = 0$$

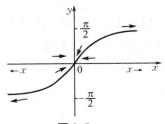

图 2.5

如图 2.5 所示.

例 2.1.4 设函数 $y = 3 + (1-x)^2$，当自变量 $x \to 1$ 时，函数 $y = 3 + (1-x)^2$ 趋向于 3. 因此 3 就是 $x \to 1$ 时函数 $y = 3 + (1-x)^2$ 的极限，记作

$$\lim_{x \to 1} y = \lim_{x \to 1} [3 + (1-x)^2] = 3$$

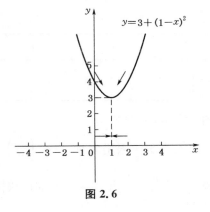

图 2.6

如图 2.6 所示.

以上各例，尽管函数不同，自变量的趋向不同，函数的变化方式不同，但是有一点是共同的，那就是它们都各自趋向于一个常数(当极限存在时)，这个常数，就是函数的极限.

由此我们可以得出函数极限的定义.

2.2 函数极限的定义

定义 2.1 设有函数 $y = f(x)$ 和常数 A，如果对于预先给定的任意小的正数 ε，在 x 的变化过程中，总存在这样一个时刻，使得在这个时刻以后，恒有 $|f(x) - A| < \varepsilon$，则称 A 为函数 $y = f(x)$ 的极限.

相对于自变量的各种变化过程，函数的极限可分别记为

$$\lim_{x \to \infty} f(x) = A \qquad (\text{对于整标函数，即数列的情形记为 } \lim_{x \to \infty} f(n) = A)$$

$$\lim_{x \to +\infty} f(x) = A, \qquad \lim_{x \to -\infty} f(x) = A$$

$$\lim_{x \to x_0} f(x) = A, \qquad \lim_{x \to x_0^-} f(x) = A, \qquad \lim_{x \to x_0^+} f(x) = A$$

其中 $\lim\limits_{x \to x_0^-} f(x) = A$ 与 $\lim\limits_{x \to x_0^+} f(x) = A$ 分别称为函数 $y = f(x)$ 在 x_0 的左极限和右极限.

从极限的定义可以知道,如果极限存在,则此极限值是唯一的. 另外,在不同的极限过程中,自变量 x 的变化过程,可作如下解释:

(1) $x \to \infty$(数列情形为 $n \to \infty$),是指 $|x| \to +\infty$,即 x 的绝对值无限增大;

(2) $x \to +\infty$,是指 x 始终大于零而趋于无穷,亦即沿 x 轴的正方向趋于无穷;

(3) $x \to -\infty$,是指 x 始终小于零而趋于无穷,亦即沿 x 轴的负方向趋于无穷;

(4) $x \to x_0$,是指 x 向 x_0 逐渐靠拢并任意接近 x_0,当过程进行得愈长久,则 x 愈接近 x_0;

(5) $x \to x_0^-$,是指 x 从小于 x_0 而趋于 x_0;

(6) $x \to x_0^+$,是指 x 从大于 x_0 而趋于 x_0.

根据不同的极限过程,还可以把定义中的说法,换成更加具体的说法. 例如,对于数列的极限,它的极限过程是 $n \to \infty$. 在这种极限过程中,可把定义中"在 x 的变化过程中,总存在这样一个时刻,使得在这个时刻以后"具体成"(在 n 的变化过程中)总存在 $N>0$,使当 $n>N$ 时"的说法,这样我们便会知道,当所给的 ε 愈小,则存在的正整数 N 就会愈大,从而使 $n>N$ 出现的时刻便会愈晚. 于是对于数列 $f(n)(n=1, 2, 3, \cdots)$ 的极限

$$\lim_{n \to \infty} f(n) = A$$

又可以给出精确的定义如下:

对于任意给定的正数 $\varepsilon>0$(不论 ε 多么小),总存在一个(正整数)$N>0$,使当 $n>N$ 时,恒有

$$|f(n) - A| < \varepsilon$$

则称常数 A 为数列 $f(n)$ 当 $n \to \infty$ 时的极限,或称数列 $f(n)$ 收敛于 A. 记作

$$\lim_{n \to \infty} f(n) = A$$

又如,对于 $x \to x_0$ 的情形,可以把定义中的说法具体成:"(在 x 的变化过程中)总存在一个正数 δ,使当 $0<|x-x_0|<\delta$ 时"的说法. 它的几何意义是,对于任意给定的 $\varepsilon>0$,总存在这样一个去心区间 $(x_0-\delta, x_0) \bigcup (x_0, x_0+\delta)$,使当 x 落入该区间时,便会有 $|f(x) - A| < \varepsilon$ 成立. 显然,当所给的 ε 愈小,则 δ 便会愈小,从而使 x 落入 $(x_0-\delta, x_0) \bigcup (x_0, x_0+\delta)$ 的时刻便会愈晚. 于是对于函数 $f(x)$ 当 $x \to x_0$ 的极限,也可以给出精确定义:

对于任意给定的 $\varepsilon>0$,总存在一个正数 δ,使当 $0<|x-x_0|<\delta$ 时,恒有

$$|f(x) - A| < \varepsilon$$

则称常数 A 为函数 $f(x)$ 当 $x \to x_0$ 时的极限,记作

$$\lim_{x \to x_0} f(x) = A$$

为了加深理解极限定义,下面我们再作几点说明:

(1) 定义中的 ε 是预先给定的任意小的正数,用它来刻画函数 $f(x)$ 与常数 A 的接近程度. 因此,由于 ε 的任意性就精确地表达了函数 $f(x)$ 能与常数 A 无限接近.

(2) 定义中的正数 N(正整数),M(正实数)或 δ 是由 ε 给定以后,按 $|f(x) - A| < \varepsilon$ 的要求而确定的. 通常给定的 ε 愈小,则达到 $|f(x) - A| < \varepsilon$ 所要求的时刻便会愈晚,因而要求的 N 或 M 则愈大,而要求的 δ 则愈小.

(3) 当 $x \to x_0$ 时,函数 $f(x)$ 是否有极限及其极限是什么,仅与开区间 $(x_0-\delta, x_0) \bigcup (x_0, x_0+\delta)$ 内的 x 所对应的函数值有关,而与 $f(x)$ 在 $x=x_0$ 点的函数值 $f(x_0)$ 无关,甚至

$f(x_0)$可能不存在亦无关紧要.

(4) 有了极限的精确定义,在用定义去证明与极限有关的问题时,就比较方便和精确了.

下面我们把各种极限过程所对应的函数极限列成表 2.2,以便进行分析和比较.

表 2.2

记　号	含　义					结　论
	对 于给定的	变化过程	存在时刻(总存在一个正数)	在这时刻以后(当自变量变化到)	恒有关系式成立	
$\lim\limits_{n\to\infty} f(n) = A$	$\varepsilon > 0$	$n \to \infty$	$N > 0$ N 是整数	$n > N$	$\|f(n) - A\| < \varepsilon$	当 $n \to \infty$ 时,数列 $f(n)$ 的极限为 A
$\lim\limits_{x\to\infty} f(x) = A$	$\varepsilon > 0$	$x \to \infty$	$M > 0$	$\|x\| > M$	$\|f(x) - A\| < \varepsilon$	当 $x \to \infty$ 时,$f(x)$ 以 A 为极限
$\lim\limits_{x\to+\infty} f(x) = A$	$\varepsilon > 0$	$x \to +\infty$	$M > 0$	$x > M$	$\|f(x) - A\| < \varepsilon$	当 $x \to +\infty$ 时,$f(x)$ 以 A 为极限
$\lim\limits_{x\to-\infty} f(x) = A$	$\varepsilon > 0$	$x \to -\infty$	$M > 0$	$x < -M$	$\|f(x) - A\| < \varepsilon$	当 $x \to -\infty$ 时,$f(x)$ 以 A 为极限
$\lim\limits_{x\to x_0} f(x) = A$	$\varepsilon > 0$	$x \to x_0$	$\delta > 0$,即 x_0 的 δ 邻域: $(x_0-\delta, x_0) \cup (x_0, x_0+\delta)$	$0 < \|x-x_0\| < \delta$,即 $x \in (x_0-\delta, x_0) \cup (x_0, x_0+\delta)$	$\|f(x) - A\| < \varepsilon$	当 $x \to x_0$ 时,$f(x)$ 以 A 为极限
$\lim\limits_{x\to x_0-0} f(x) = A$	$\varepsilon > 0$	$x \to x_0-0$	$\delta > 0$,即 $(x_0-\delta, x_0)$	$0 < x_0-x < \delta$ 即 $x \in (x_0-\delta, x_0)$	$\|f(x) - A\| < \varepsilon$	当 $x \to x_0-0$ 时,$f(x)$ 以 A 为极限
$\lim\limits_{x\to x_0+0} f(x) = A$	$\varepsilon > 0$	$x \to x_0+0$	$\delta > 0$,即 $(x_0, x_0+\delta)$	$0 < x-x_0 < \delta$ 即 $x \in (x_0, x_0+\delta)$	$\|f(x) - A\| < \varepsilon$	当 $x \to x_0+0$ 时,$f(x)$ 以 A 为极限

注意:(1) $x \to \infty$,是指 $\|x\| \to +\infty$,实际上包含 $x \to +\infty$ 和 $x \to -\infty$ 两种情况.

(2)(定理)极限 $\lim\limits_{x\to x_0} f(x)$ 存在的充分必要条件是左、右极限都存在并且相等,即

$$\lim_{x\to x_0-0} f(x) = \lim_{x\to x_0+0} f(x) = A$$

因此,如果 $\lim\limits_{x\to x_0-0} f(x)$ 和 $\lim\limits_{x\to x_0+0} f(x)$ 都存在,但不相等,则 $\lim\limits_{x\to x_0} f(x)$ 不存在.

(3) 并不是所有函数当 $x \to x_0$(或 $x \to \infty$)时,都有极限. 例如 $y = \sin x$,当 $x \to 0$ 时,$\sin x$ 的极限是 $\lim\limits_{x\to 0} \sin x = 0$,如图 2.7. 但是,当 $x \to \infty$,即 $x \to +\infty$ 或 $x \to -\infty$ 时,$\sin x$ 在 1 与 -1 之间摆动,而不是趋近于一个确定的数,所以当 $x \to \infty$ 时,$y = \sin x$ 没有极限.

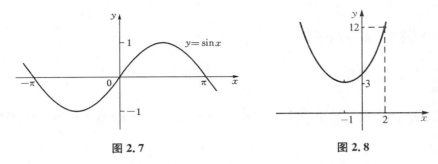

图 2.7   图 2.8

例 2.2.1 设函数

$$f(x) = \frac{x^3 - 8}{x - 2} \quad (x \in (-\infty, 2) \bigcup (2, +\infty))$$

考察 $f(x)$ 当 $x \to 2$ 时的变化趋势.

解 由图 2.8 可见,当 $x \to 2$ 时,$f(x) \to 12$,即

$$\begin{aligned}
\lim_{x \to 2} f(x) &= \lim_{x \to 2} \frac{x^3 - 8}{x - 2} \\
&= \lim_{x \to 2} \frac{(x-2)(x^2 + 2x + 4)}{x - 2} \\
&= \lim_{x \to 2} (x^2 + 2x + 4) \\
&= 12
\end{aligned}$$

本题求极限的步骤是:"$\frac{0}{0}$"型的不定式——因式分解——约去极限为"0"的因子——最后再取极限.

通过这个例子,使我们看到,研究 $x \to x_0$ 时 $f(x)$ 的极限,是指 x 充分接近 x_0 时,$f(x)$ 的变化趋势,而不是求 $x = x_0$ 时 $f(x)$ 的函数值.

因此,研究 $x \to x_0$ 时 $f(x)$ 的极限问题,与 $x = x_0$ 时函数 $f(x)$ 是否有定义无关.

例 2.2.2 考察函数 $f(x) = \ln x$ 当 $x \to 0$ 时的极限.

解 由于 $\lim\limits_{x \to 0+0} f(x) = \lim\limits_{x \to 0+0} \ln x = \infty$,但是 $\lim\limits_{x \to 0-0} f(x)$ 不存在,所以 $\lim\limits_{x \to 0} f(x)$ 不存在.

例 2.2.3 设 $f(x) = \begin{cases} x & x \leqslant 0 \\ x^2 & x > 0 \end{cases}$

考察 $\lim\limits_{x \to 0} f(x)$ 是否存在.

解 由于

$$\lim_{x \to 0-0} f(x) = \lim_{x \to 0-0} x = 0$$

$$\lim_{x \to 0+0} f(x) = \lim_{x \to 0+0} x^2 = 0$$

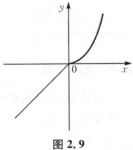

图 2.9

可见,当 $x \to 0$ 时,$f(x)$ 的左右极限存在并且相等,所以 $f(x)$ 的极限存在,并且

$$\lim_{x \to 0} f(x) = 0$$

如图 2.9 所示.

2.3 无穷小量与无穷大量

2.3.1 无穷小量

定义 2.2(无穷小的定义) 如果函数 $f(x)$ 在某一极限过程 $x \to x_0$(或 $x \to \infty$)时的极限为零,即

$$\lim_{x \to x_0} f(x) = 0 \qquad (\text{或} \lim_{x \to \infty} f(x) = 0)$$

则称 $f(x)$ 当 $x \to x_0$(或 $x \to \infty$)时是无穷小量,简称无穷小.

由此可见,在某一极限过程中,极限为零的变量,都是在这一过程中的无穷小量.下面举几个无穷小的例子.

例 2.3.1 $\lim\limits_{n \to -\infty} 3^n = 0$

所以 3^n 是当 $n \to -\infty$ 时的无穷小.

例 2.3.2 $\lim\limits_{x \to 1} \ln x = 0$

所以函数 $\ln x$ 当 $x \to 1$ 时为无穷小.

例 2.3.3 $\lim\limits_{x \to 2} \left(\dfrac{1}{2} x - 1 \right) = 0$

所以函数 $\dfrac{1}{2} x - 1$ 当 $x \to 2$ 时为无穷小.

例 2.3.4 $\lim\limits_{x \to \frac{\pi}{2}} \cos x = 0$

所以 $\cos x$ 当 $x \to \dfrac{\pi}{2}$ 时为无穷小.

例 2.3.5 $\lim\limits_{x \to \infty} \dfrac{1}{x^2} = 0$

所以函数 $\dfrac{1}{x^2}$ 当 $x \to \infty$ 时为无穷小.

注意:不要把无穷小量与一个很小的数(例如百万分之一)混为一谈,因为无穷小量是以零为极限的函数,而一个很小的数,是实实在在的一个数,不是函数.

2.3.2 无穷大量

无穷小量的反面是无穷大量.下面给出无穷大量的定义.

定义 2.3(无穷大的定义) 如果函数 $f(x)$ 当 $x \to x_0$(或 $x \to \infty$)时的绝对值 $|f(x)|$ 无限增大,也就是

$$\lim_{x \to x_0} f(x) = \infty \qquad (\text{或} \lim_{x \to \infty} f(x) = \infty)$$

这时称函数 $f(x)$ 为 $x \to x_0$(或 $x \to \infty$)时的无穷大量,简称为无穷大.

例 2.3.6 $\lim\limits_{x \to 0+0} \ln x = -\infty$, $\qquad \lim\limits_{x \to +\infty} \ln x = +\infty$.

所以函数 $\ln x$ 当 $x \to 0+0$ 时为无穷大.当 $x \to +\infty$ 时也为无穷大.

例 2.3.7　$\lim\limits_{x \to 1} \dfrac{1}{x-1} = \infty$

所以当 $x \to 1$ 时，$\dfrac{1}{x-1}$ 是无穷大量.

注意：(1) 在 $x \to x_0$（或 $x \to \infty$）的极限过程中为无穷大的函数 $f(x)$，当 $x \to x_0$（或 $x \to \infty$）时，其极限是不存在的，但是为了便于叙述，我们仍说它的极限是无穷大，并记作

$$\lim_{x \to x_0} f(x) = \infty \qquad (\text{或} \lim_{x \to \infty} f(x) = \infty)$$

(2) 无穷大量是一个函数，它不是一个很大的常数，因此记号 ∞ 不是数，不可与一个很大的数（例如 1 万万等）混为一谈.

2.3.3　无穷小的性质

性质 1　有限个无穷小的代数和仍是无穷小.

性质 2　有界函数与无穷小的乘积是无穷小.

推论 1　常数与无穷小的乘积是无穷小.

推论 2　有限个无穷小的乘积也是无穷小.

性质 3　无穷小除以极限不为零的函数所得的商是无穷小.

2.3.4　无穷小量与无穷大量的关系

无穷小量与无穷大量有着密切的关系，这就是：无穷小量的倒数是无穷大量；无穷大量的倒数是无穷小量. 即当 $x \to x_0$（或 $x \to \infty$）时：

(1) 如果函数 $f(x)$ 是无穷大，则函数 $\dfrac{1}{f(x)}$ 是无穷小；

(2) 如果 $f(x)$ 是无穷小（$f(x) \neq 0$），则 $\dfrac{1}{f(x)}$ 是无穷大.

因此，如果

$$\lim_{x \to x_0} f(x) = \infty \qquad (\text{或} \lim_{x \to \infty} f(x) = \infty)$$

则

$$\lim_{x \to x_0} \frac{1}{f(x)} = 0 \qquad \left(\text{或} \lim_{x \to \infty} \frac{1}{f(x)} = 0\right)$$

如果

$$\lim_{x \to x_0} f(x) = 0 \qquad (\text{或} \lim_{x \to \infty} f(x) = 0)$$

且 $f(x) \neq 0$，则

$$\lim_{x \to x_0} \frac{1}{f(x)} = \infty \qquad \left(\text{或} \lim_{x \to \infty} \frac{1}{f(x)} = \infty\right)$$

在上述 (2) 中，要求 $f(x) \neq 0$，是因为根据除法法则，零作除数永远是没有意义的.

例 2.3.8　$\lim\limits_{x \to +\infty} e^x = \infty$，所以 $x \to +\infty$ 时，e^x 是无穷大量（如图 2.10 所示）. 而

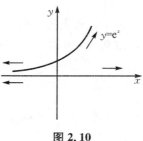

图 2.10

$$\lim_{x \to +\infty} \frac{1}{e^x} = \lim_{x \to +\infty} e^{-x} = 0$$

所以 $x \to +\infty$ 时，e^{-x} 是无穷小量.

例 2.3.9　$\lim\limits_{x \to 0} \dfrac{x}{\cos x} = 0$

所以 $\dfrac{x}{\cos x}$ 是 $x \to 0$ 时的无穷小，而 $\dfrac{\cos x}{x}$ 就是 $x \to 0$ 时的无穷大.

2.3.5　无穷小量的比较

我们已经知道，两个无穷小量的代数和是无穷小量，两个无穷小量的乘积是无穷小量，现在我们要问：两个无穷小量的商还是无穷小量吗？

要回答这个问题，先看下面的例子.

例如，当 $x \to 0$ 时，$x, 2x, x^2$ 都是无穷小量，但是它们两两之比可有下面的情况：

(1) $\lim\limits_{x \to 0} \dfrac{x}{2x} = \lim\limits_{x \to 0} \dfrac{1}{2} = \dfrac{1}{2}$;

(2) $\lim\limits_{x \to 0} \dfrac{x}{x^2} = \lim\limits_{x \to 0} \dfrac{1}{x} = \infty$;

(3) $\lim\limits_{x \to 0} \dfrac{x^2}{2x} = \lim\limits_{x \to 0} \dfrac{x}{2} = 0$.

可见，两个可以比较的无穷小量之比的极限可能有上述三种情形，分别是：极限为常数，极限为无穷大，极限为零. 只有第三种情况的两个无穷小量之比才是无穷小量. 为什么会有这三种情况呢？ 这是由于各个无穷小量趋于零的速度有着快慢的不同. 现列表比较如下：

表 2.3

$x =$	1	0.5	0.1	0.01	0.001	...	$x \to 0$
x	1	0.5	0.1	0.01	0.001	...	$x \to 0$
$2x$	2	1	0.2	0.02	0.002	...	$2x \to 0$
x^2	1	0.25	0.01	0.000 1	0.000 001	...	$x^2 \to 0$

从表 2.3 中可以看出 x 与 $2x$ 的变化速度差不多，相当于同一个数量级，因此它们的比的极限为常量，而 x 比 x^2 趋于零的速度要慢得多，因此 $\dfrac{x}{x^2}$ 的极限为 ∞；x^2 比 $2x$ 趋于零的速度又快得多，因此 $\dfrac{x^2}{2x}$ 的极限为零.

为了比较无穷小量趋于零的快慢程度，我们引进无穷小量阶的概念.

定义 2.4　设当 $x \to x_0$（或 $x \to \infty$）时，$\alpha(x)$ 和 $\beta(x)$ 都是无穷小量，并且

$$\lim_{x \to x_0} \frac{\beta(x)}{\alpha(x)} = C \qquad \left(\text{或} \lim_{x \to \infty} \frac{\beta(x)}{\alpha(x)} = C \right)$$

(1) 若 $C = 0$，则称 β 是比 α 高阶的无穷小量，记作 $\beta = o(\alpha)$，同时也称 α 是比 β 低阶的无穷小；

（2）若 $C \neq 0$，称 β 与 α 是同阶无穷小；

（3）若 $C=1$，称 β 与 α 是等价无穷小，记作 $\alpha \sim \beta$.

到此为止，我们可以彻底回答上面提出的问题了，这就是：

由于 $\lim\limits_{x \to 0} \dfrac{x}{2x} = \dfrac{1}{2}$，所以当 $x \to 0$ 时，x 与 $2x$ 是同阶无穷小；

由于 $\lim\limits_{x \to 0} \dfrac{x}{x^2} = \infty$，所以当 $x \to 0$ 时，x 是比 x^2 低阶的无穷小；

由于 $\lim\limits_{x \to 0} \dfrac{x^2}{2x} = 0$，所以当 $x \to 0$ 时，x^2 是比 $2x$ 高阶的无穷小，但由于 $\lim\limits_{x \to 0} \dfrac{x^2}{(2x)^2} = \dfrac{1}{4}$，所以这时还可以说当 $x \to 0$ 时，x^2 是关于 $2x$ 的"二阶"无穷小.

于是进一步可以引进 k 阶无穷小的概念.

定义 2.5　设 $\alpha(x)$ 和 $\beta(x)$ 都是无穷小量，并且

$$\lim_{x \to x_0} \frac{\beta(x)}{\alpha^k(x)} = C \neq 0 \qquad (\text{或} \lim_{x \to \infty} \frac{\beta(x)}{\alpha^k(x)} = C \neq 0)$$

其中，$k > 0$，则称 β 是关于 α 的 k 阶无穷小.

习　题　2.1

1. 下列函数在什么情况下是无穷小量？什么情况下是无穷大量？

（1）$y = \left(\dfrac{1}{4}\right)^x$；

（2）$y = \dfrac{x-1}{x+2}$；

（3）$y = x^2$；

（4）$y = \tan x$.

2. 下列函数在给定的过程中，哪些是无穷大量？哪些是无穷小量？

（1）$\dfrac{1+2x}{x^2}$ $(x \to \infty)$；

（2）$1 - \cos x$ $(x \to 0)$；

（3）$\dfrac{2}{x}$ $(x \to 0)$；

（4）$x^2 + x$ $(x \to 0)$.

3. 当 $x \to 0$ 时，下列函数中哪些是 x 的高阶无穷小量？哪些是与 x 同阶的无穷小量？哪些是 x 的低阶无穷小量？

（1）$\dfrac{1}{2} x \sin x$；

（2）$\dfrac{\ln(1+x^2)}{x}$；

（3）$\arctan x^2$；

（4）$e^{\sqrt{x}} - 1$.

4. 利用无穷小量，计算下列极限：

（1）$\lim\limits_{x \to \infty} \dfrac{\sin x}{x}$；

（2）$\lim\limits_{x \to 0} x^2 \cos \dfrac{1}{x}$；

（3）$\lim\limits_{x \to \infty} x \sin \dfrac{2}{x}$；

（4）$\lim\limits_{x \to 0} 2x^3 + 3x^2 + x$.

2.4　极限的四则运算

前面根据极限的定义，求出了一些简单函数的极限，但在实际问题中，往往要遇到一些如由基本初等函数经过加、减、乘、除四则运算所组成的函数，在求这些函数的极限时，就要

用到函数的和、差、积、商的四则运算法则了.

在下面的讨论中,我们事先约定,在每一项运算规则中,有关函数都假定在同一极限过程中进行,即在同一问题中,自变量的变化过程应该是同一的,它们或者同是 $x \rightarrow x_0$,或同是 $x \rightarrow \infty$,在极限符号 $\lim$ 下面不再一一写出.

下面给出函数极限的四则运算规则.

首先我们明确一下,常数的极限就是该常数本身,即

$$\lim C = C \qquad (C \text{ 为一常数})$$

常数的这一性质在极限运算中经常用到.

规则 1(代数和的极限) 若

$$\lim u(x) = a, \qquad \lim v(x) = b$$

则 $u(x) + v(x)$ 的极限存在,且

$$\lim [u(x) \pm v(x)] = \lim u(x) \pm \lim v(x) = a \pm b$$

即若二函数的极限存在,则二函数代数和的极限必存在,并等于各函数极限的代数和.

规则 1 可以推广到有限个函数代数和的情形.

规则 2(乘积的极限) 若

$$\lim u(x) = a, \qquad \lim v(x) = b$$

则 $u(x) \cdot v(x)$ 的极限存在,且

$$\lim u(x) \cdot v(x) = \lim u(x) \cdot \lim v(x) = a \cdot b$$

即若二函数的极限存在,则二函数乘积的极限必存在,并等于它们的极限的乘积.

规则 2 可以推广到有限个函数相乘的情形.

推论 1 常数因子可以提到极限符号的外面来,即

$$\lim C \cdot u(x) = C \cdot \lim u(x) \qquad (C \text{ 为一常数})$$

推论 2 如果 $\lim u(x)$ 存在,而 n 是正整数,则

$$\lim [u(x)]^n = [\lim u(x)]^n$$

即函数 n 次方的极限,等于该函数极限的 n 次方.

规则 3(商的极限) 若

$$\lim u(x) = a, \qquad \lim v(x) = b \neq 0$$

则 $\dfrac{u(x)}{v(x)}$ 的极限存在,且

$$\lim \frac{u(x)}{v(x)} = \frac{\lim u(x)}{\lim v(x)} = \frac{a}{b}$$

即若二函数的极限存在,则在分母的极限不等于零的条件下,二函数商的极限必存在,且等于它们的极限的商.

有了极限的四则运算法则,就可以去求很多较复杂的函数的极限了,其中最简单、也是最经常遇到的情形是求有理函数的极限.

例 2.4.1 求 $\lim\limits_{x \rightarrow 2}(x^2 - 5x + 2)$.

解
$$\lim_{x \to 2}(x^2 - 5x + 2) = \lim_{x \to 2}x^2 - \lim_{x \to 2}5x + \lim_{x \to 2}2$$
$$= (\lim_{x \to 2}x)^2 - 5\lim_{x \to 2}x + \lim_{x \to 2}2$$
$$= 4 - 10 + 2 = -4$$

例 2.4.2 求 $\lim\limits_{x \to 2}\dfrac{x^2 + 5}{x - 3}$.

解
$$\lim_{x \to 2}\frac{x^2 + 5}{x - 3} = \frac{\lim\limits_{x \to 2}(x^2 + 5)}{\lim\limits_{x \to 2}(x - 3)}$$
$$= \frac{\lim\limits_{x \to 2}x^2 + \lim\limits_{x \to 2}5}{\lim\limits_{x \to 2}x - \lim\limits_{x \to 2}3}$$
$$= \frac{(\lim\limits_{x \to 2}x)^2 + \lim\limits_{x \to 2}5}{\lim\limits_{x \to 2}x - \lim\limits_{x \to 2}3}$$
$$= -9$$

一般来说,对于有理整函数,即对多项式

$$P(x) = a_0 x^n + a_1 x^{n-1} + \cdots + a_{n-1}x + a_n$$

有

$$\lim_{x \to x_0}P(x) = a_0(\lim_{x \to x_0}x)^n + a_1(\lim_{x \to x_0}x)^{n-1} + \cdots + a_{n-1}(\lim_{x \to x_0}x) + a_n$$
$$= a_0 x_0^n + a_1 x_0^{n-1} + \cdots + a_{n-1}x_0 + a_n$$
$$= P(x_0)$$

对有理分式函数

$$F(x) = \frac{P(x)}{Q(x)}$$

其中 $P(x), Q(x)$ 均为多项式,且 $Q(x_0) \neq 0$,则有

$$\lim_{x \to x_0}F(x) = \frac{\lim\limits_{x \to x_0}P(x)}{\lim\limits_{x \to x_0}Q(x)} = \frac{P(x_0)}{Q(x_0)} = F(x_0)$$

因此,对于有理整函数和有理分式函数,当求 $x \to x_0$ 的极限时,只要把 x_0 代入函数就可以了.

但必须注意,若 $Q(x_0) = 0$,则关于商的极限法则不能应用,这时就要改用别的方法去求极限.

例 2.4.3 求 $\lim\limits_{x \to -1}\dfrac{x^2 + 5x}{x^2 - 3x - 4}$.

解 由于 $\lim\limits_{x \to -1}(x^2 - 3x - 4) = 0$,所以不能运用商的极限法则,但是由于

$$\lim_{x \to -1}\frac{x^2 - 3x - 4}{x^2 + 5x} = 0$$

所以当 $x \to -1$ 时，$\dfrac{x^2-3x-4}{x^2+5x}$ 是无穷小，根据无穷小与无穷大的关系，它的倒数是无穷大，因此

$$\lim_{x \to 1} \frac{x^2+5x}{x^2-3x-4} = \infty$$

例 2.4.4 求 $\lim\limits_{x \to 1} \dfrac{x^2-1}{2x^2-x-1}$.

解 当 $x \to 1$ 时，分子、分母都趋于 0，此式为"$\dfrac{0}{0}$"型不定式，不能运用商的极限法则，即不能写成

$$\frac{\lim\limits_{x \to 1}(x^2-1)}{\lim\limits_{x \to 1}(2x^2-x-1)}$$

这种形式，而必须约去极限为 0 的公因子 $(x-1)$，然后再取极限，即

$$\lim_{x \to 1} \frac{x^2-1}{2x^2-x-1} = \lim_{x \to 1} \frac{(x+1)(x-1)}{(2x+1)(x-1)}$$
$$= \lim_{x \to 1} \frac{x+1}{2x+1} = \frac{2}{3}$$

例 2.4.5 求 $\lim\limits_{x \to \infty} \dfrac{2x+3}{6x-1}$.

解 这是"$\dfrac{\infty}{\infty}$"型的不定式，分子、分母没有有限极限，不能用商的极限法则. 这时可先用 x 去除分子和分母，然后取极限，即

$$\lim_{x \to \infty} \frac{2x+3}{6x-1} = \lim_{x \to \infty} \frac{2+\dfrac{3}{x}}{6-\dfrac{1}{x}} = \frac{1}{3}$$

例 2.4.6 求 $\lim\limits_{x \to \infty} \dfrac{x^4-8x+1}{x^2+5}$.

解 $\lim\limits_{x \to \infty} \dfrac{x^4-8x+1}{x^2+5} = \lim\limits_{x \to \infty} \dfrac{1-\dfrac{8}{x^3}+\dfrac{1}{x^4}}{\dfrac{1}{x^2}+\dfrac{5}{x^4}} = \infty$

例 2.4.7 求 $\lim\limits_{x \to \infty} \dfrac{x^2+2x-5}{x^3+x+5}$.

解 $\lim\limits_{x \to \infty} \dfrac{x^2+2x-5}{x^3+x+5} = \lim\limits_{x \to \infty} \dfrac{\dfrac{1}{x}+\dfrac{2}{x^2}-\dfrac{5}{x^3}}{1+\dfrac{1}{x^2}+\dfrac{5}{x^3}} = 0.$

一般地说，对于有理分式函数，当 $x \to \infty$ 时，其极限共有下述三种情况（n、m 为正整数）：

$$\lim_{x \to \infty} F(x) = \lim_{x \to \infty} \frac{P(x)}{Q(x)}$$

$$= \lim_{x \to \infty} \frac{a_0 x^n + a_1 x^{n-1} + \cdots + a_{n-1} x + a_n}{b_0 x^m + b_1 x^{m-1} + \cdots + b_{m-1} x + b_m}$$

$$= \begin{cases} \dfrac{a_0}{b_0} & \text{当 } n = m \\ 0 & \text{当 } n < m \\ \infty & \text{当 } n > m \end{cases}$$

例 2.4.8 求 $\lim\limits_{x \to \infty} \dfrac{\sin x}{x}$.

解 当 $x \to \infty$ 时, 分子和分母的极限都不存在, 商的极限法则不能应用. 但是 $\sin x$ 是有界函数, 而 $\dfrac{1}{x}$ 当 $x \to \infty$ 时是无穷小, 根据有界函数与无穷小的乘积仍是无穷小的性质, 因此

$$\lim_{x \to \infty} \frac{\sin x}{x} = \lim_{x \to \infty} \left(\frac{1}{x} \cdot \sin x \right) = 0$$

2.5　两个重要极限

2.5.1　第一个重要极限: $\lim\limits_{x \to 0} \dfrac{\sin x}{x} = 1$

由于 $\lim\limits_{x \to 0} x = 0$, 所以不能运用商的极限法则, 下面我们利用图形来证明这个极限.

在如图 2.11 所示的单位圆中, 设圆心角 $\angle AOB = x$(弧度) $= \dfrac{\overset{\frown}{AB}}{1}$, 所以 $x = \overset{\frown}{AB}$, 由于 $\sin x = \dfrac{\overline{BC}}{1} = \overline{BC}$, 所以

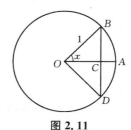

图 2.11

$$\frac{\sin x}{x} = \frac{\overline{BC}}{\overset{\frown}{AB}} = \frac{\dfrac{\overline{BD}}{2}}{\dfrac{\overset{\frown}{BD}}{2}} = \frac{\overline{BD}}{\overset{\frown}{BD}}$$

从图中可以看出, 当 $|x|$ 越来越小时, 弦长 $\overline{BD}$ 和弧长 $\overset{\frown}{BD}$ 就越来越接近, 即当 $x \to 0$ 时,

$$\frac{\overline{BD}}{\overset{\frown}{BD}} \to 1$$

由此可得 $\lim\limits_{x \to 0} \dfrac{\sin x}{x} = 1$.

例 2.5.1 求 $\lim\limits_{x \to 0} \dfrac{x}{\arcsin 2x}$.

解 令 $t = \arcsin 2x$, 则 $x = \dfrac{1}{2} \sin t$

当 $x \to 0$ 时, $t \to 0$, 所以

$$\lim_{x \to 0} \frac{x}{\arcsin 2x} = \lim_{t \to 0} \frac{\frac{1}{2} \sin t}{t} = \frac{1}{2}$$

例 2.5.2　求 $\lim_{x \to 0} x \cot x$.

解　$\lim_{x \to 0} x \cot x = \lim_{x \to 0} x \frac{\cos x}{\sin x} = \lim_{x \to 0} \frac{x}{\sin x} \cdot \cos x = 1 \cdot 1 = 1$

例 2.5.3　求 $\lim_{x \to 0} \dfrac{\tan x - \sin x}{x^3}$.

解

$$\lim_{x \to 0} \frac{\tan x - \sin x}{x^3} = \lim_{x \to 0} \frac{\dfrac{\sin x}{\cos x} - \sin x}{x^3}$$

$$= \lim_{x \to 0} \frac{\sin x \cdot \dfrac{1 - \cos x}{\cos x}}{x^3}$$

$$= \lim_{x \to 0} \frac{\sin x}{x} \cdot \frac{1}{\cos x} \cdot \lim_{x \to 0} \frac{2\sin^2 \dfrac{x}{2}}{x^2}$$

$$= 2 \lim_{x \to 0} \frac{\left(\sin \dfrac{x}{2}\right)^2}{4 \left(\dfrac{x}{2}\right)^2}$$

$$= \frac{1}{2} \left(\lim_{x \to 0} \frac{\sin \dfrac{x}{2}}{\dfrac{x}{2}}\right)^2$$

$$= \frac{1}{2}$$

2.5.2　第二个重要极限：$\lim\limits_{x \to \infty} \left(1 + \dfrac{1}{x}\right)^x = e$

为了了解 $\lim\limits_{x \to \infty} \left(1 + \dfrac{1}{x}\right)^x$ 这样一个极限，我们用列表法来考察当 x 无限增大时，函数 $\left(1 + \dfrac{1}{x}\right)^x$ 的变化趋势.

表 2.4

x	1	2	3	⋯	10	⋯	100
$\left(1 + \dfrac{1}{x}\right)^x$	2.000 00	2.250 00	2.370 37	⋯	2.593 74	⋯	2.704 81
x	⋯	1 000	⋯	10 000	⋯	100 000	⋯
$\left(1 + \dfrac{1}{x}\right)^x$	⋯	2.716 92	⋯	2.718 14	⋯	2.718 27⋯	⋯

从表 2.4 可以看出，$\left(1+\dfrac{1}{x}\right)^x$ 随着 x 的增大而增大，并且当 $x\rightarrow\infty$ 时，$\left(1+\dfrac{1}{x}\right)^x$ 趋向于一个确定的无理数 $2.718\,281\,8\cdots$，通常用 e 来表示这个数，于是

$$\lim_{x\rightarrow\infty}\left(1+\frac{1}{x}\right)^x = \mathrm{e}$$

例 2.5.4 求 $\lim\limits_{x\rightarrow 0}(1+x)^{\frac{1}{x}}$.

解 令 $x=\dfrac{1}{t}$，则 $x\rightarrow 0$ 时，$t\rightarrow\infty$，故

$$\lim_{x\rightarrow 0}(1+x)^{\frac{1}{x}} = \lim_{t\rightarrow\infty}\left(1+\frac{1}{t}\right)^t = \mathrm{e}$$

上述结果是第二个重要极限的另一形式，也可以当做公式来应用.

例 2.5.5 求 $\lim\limits_{x\rightarrow\infty}\left(1+\dfrac{2}{x}\right)^x$.

解 $\lim\limits_{x\rightarrow\infty}\left(1+\dfrac{2}{x}\right)^x = \lim\limits_{x\rightarrow\infty}\left(1+\dfrac{2}{x}\right)^{\frac{x}{2}\cdot 2} = \mathrm{e}^2$

例 2.5.6 求 $\lim\limits_{x\rightarrow\infty}\left(\dfrac{3x+4}{3x-1}\right)^{x+1}$.

解 $\lim\limits_{x\rightarrow\infty}\left(\dfrac{3x+4}{3x-1}\right)^{x+1} = \lim\limits_{x\rightarrow\infty}\left(\dfrac{3x-1+5}{3x-1}\right)^{x+1}$

$$= \lim_{x\rightarrow\infty}\left(1+\frac{5}{3x-1}\right)^{\frac{3x-1}{5}\cdot\frac{5(x+1)}{3x-1}}$$

$$= \mathrm{e}^{\frac{5}{3}}$$

例 2.5.7 求 $\lim\limits_{x\rightarrow 0}(1-x)^{\frac{2}{x}}$.

解 $\lim\limits_{x\rightarrow 0}(1-x)^{\frac{2}{x}} = \lim\limits_{x\rightarrow 0}[1+(-x)]^{\left(-\frac{1}{x}\right)\cdot(-2)} = \mathrm{e}^{-2}$

例 2.5.8 求 $\lim\limits_{x\rightarrow\infty}\left(1+\dfrac{k}{x}\right)^x$.

解 令 $\dfrac{k}{x}=\dfrac{1}{t}$，即 $t=\dfrac{x}{k}$，则 $x\rightarrow\infty$ 时，$t\rightarrow\infty$，于是

$$\lim_{x\rightarrow\infty}\left(1+\frac{k}{x}\right)^x = \lim_{x\rightarrow\infty}\left[\left(1+\frac{k}{x}\right)^{\frac{x}{k}}\right]^k = \lim_{t\rightarrow\infty}\left[\left(1+\frac{1}{t}\right)^t\right]^k$$

$$= \left[\lim_{t\rightarrow\infty}\left(1+\frac{1}{t}\right)^t\right]^k = \mathrm{e}^k$$

例 2.5.9 证明：指数函数 $f(x)=\mathrm{e}^x=\lim\limits_{n\rightarrow\infty}\left(1+\dfrac{x}{n}\right)^n$.

证 令 $\dfrac{1}{t}=\dfrac{x}{n}$，即 $n=xt$，则 $n\rightarrow\infty$，$t\rightarrow\infty$，于是

$$\lim_{n\rightarrow\infty}\left(1+\frac{x}{n}\right)^n = \lim_{t\rightarrow\infty}\left(1+\frac{1}{t}\right)^{xt}$$

$$= \left[\lim_{t \to \infty} \left(1 + \frac{1}{t} \right)^t \right]^x$$

$$= e^x$$

所以 $f(x) = e^x = \lim_{n \to \infty} \left(1 + \frac{x}{n} \right)^n$，证明完毕.

注意：指数函数 $f(x) = e^x$ 的定义域是 $(-\infty, +\infty)$，但是在上述证明过程中，x 目前只能取正整数（2.4 节推论 2），不过在学了连续函数之后，可知对任意实数 x，下述关系

$$\lim_{t \to \infty} \left[\left(1 + \frac{1}{t} \right)^t \right]^x = \left[\lim_{t \to \infty} \left(1 + \frac{1}{t} \right)^t \right]^x$$

总是能成立的.

2.6 极限概念在经济学中的几个应用

2.6.1 指数模型·极限 $\lim_{x \to \infty} \left(1 + \frac{1}{x} \right)^x = e$ 的经济学意义

指数模型在不同领域，如物理学、经济学以及总体研究等方面都有着广泛的应用. 指数模型的基本特征，主要是表示了一个研究对象总体的变化率对该总体本身瞬时值的依赖性. 如果该变化率是正的，则总体就是指数增长，如细菌的繁殖、树木的生长、人口的增加等等；如果该变化率是负的，则总体就是指数衰减，如物体的冷却、镭的衰变等等. 因此指数模型除在物理学中应用外，还可以在利率或总体预测等方面应用. 下面就本利和的计算问题和人口预测作一些探讨.

（1）本利和的计算问题

我们知道，在一般情况下，贷款是要有利息的. 设贷款金额为 A_0，我们称之为本金. 如果贷款的年利率为 r，则一年末时应该有利息 $A_0 r$. 本利和一共有

$$A_1 = A_0 + A_0 r = A_0(1 + r)$$

如果第二年以第一年末的本利和为本金计息，则到第二年末，本利和为

$$A_2 = \left[A_0(1 + r) \right] \cdot (1 + r) = A_0(1 + r)^2$$

照此方法计息，则到第 n 年终了时，本利和为

$$A_n = A_0(1 + r)^n$$

这种计息方法称为复利.

在经济活动中也有将利息每半年、每季或每月结算并入本金的，即将一年分为 m 期计息. 如果年利率仍为 r，则每期利率为 r/m，一年终了时，本利和为

$$A_1 = A_0 \left(1 + \frac{r}{m} \right)^m$$

n 年后本利和为

$$A_n = A_0 \left(1 + \frac{r}{m} \right)^{mn}$$

如果把计利时间区间无限缩短，成为瞬间复利，这就是 $m \to \infty$ 的情形，则在此条件下，n

年后的本利和为

$$A_n = \lim_{m \to \infty} A_0 \left(1 + \frac{r}{m}\right)^{mn}$$

由于其中 A_0, r 和 n 都是给定的常数,所以

$$A_n = \lim_{m \to \infty} A_0 \left(1 + \frac{r}{m}\right)^{mn}$$
$$= A_0 \lim_{\frac{r}{m} \to 0} \left[\left(1 + \frac{r}{m}\right)^{\frac{m}{r}}\right]^{rn}$$
$$= A_0 \mathrm{e}^{rn}$$

这就是以瞬时计息或者以立即产生立即结算的方式计算复利的所谓连续复利问题. 对于连续复利,其最终结果是把问题转化到求第二个重要极限的数值上来了.

在上述问题中,n 表示的是正整数,但实际上如果把 n 换成任意的正实数 t,我们就有等式

$$A(t) = A_0 \mathrm{e}^{rt}$$

这就是本金为 A_0,名义利率为 r 时,经过 t 年的连续复利后的本利和计算公式. 其结果表明,对于连续复利,其本利和这个总体服从了指数增长规律.

（2）人口预测

人口问题也服从上述指数增长模型,因为人口是每时每刻都在增长的,和瞬间利息一样,也是立即产生立即结算的,所以若干年后的人口总数和连续复利的计算公式一样. 如果原有人口总数为 A_0,年增长率为 r,则 t 年后的人口总数就是:

$$A(t) = A_0 \mathrm{e}^{rt}$$

例 2.6.1 设人口自然增长率（出生率与死亡率之差）为 1.33%,问再过多少年,人口总数将翻一番?

解 $A(t) = A_0 \mathrm{e}^{rt}$,且根据题设知 $A(t) = 2A_0$,$r = 1.33\%$,因此有

$$2A_0 = A_0 \mathrm{e}^{1.33\% t}$$

即

$$2 = \mathrm{e}^{1.33\% t}$$

两边取对数,有

$$\ln 2 = \ln \mathrm{e}^{1.33\% t} = 0.0133 t$$

所以

$$t = \frac{\ln 2}{0.0133} \approx 52(年)$$

2.6.2 永续年金问题

在投资决策中,常常遇到年金问题. 所谓年金,是指每隔相同时间收入或支出相等金额的款项. 在一定期间内发生的等额系列收付款项,就是年金. 其中普通年金和永续年金的应用较为普遍.

所谓普通年金,是指每期期末收付的等额款项,又叫后付年金. 永续年金是指无限期收付的等额款项,也称终身年金. 例如,商业银行中的"存本取息"存款,可视为永续年金一例.

闻名遐迩的诺贝尔奖金,就是名副其实的永续年金.由于永续年金的存期无限,没有终点时间,也就没有终值.而永续年金现值的计算公式可以通过普通年金的现值公式得出:

根据普通年金的现值公式:

$$P_A = A \cdot \frac{1 - (1 + i)^{-n}}{i}$$

其中:P_A——普通年金现值,即每期期末发生的年金 A 的复利现值之和.

A——普通年金,即每期期末发生的等额款项.

i——贴现率,即每期结算时的利率.

n——结算期数.

上式取极限,就得到永续年金的现值公式为

$$P_A = \lim_{n \to \infty} A \frac{1 - (1 + i)^{-n}}{i} = \frac{A}{i}$$

例 2.6.2 某校拟建立一项永久性的奖学金,每年计划从奖励基金中拿出 10 万元奖励优等生.若现在的存款年利率是 10%,问现在要一次存入银行多少钱,才能建立这项长久的奖励制度?

解 现在要一次存入银行的现金为

$$P_A = \frac{A}{i} = \frac{10}{0.1} = 100(万元)$$

即现在要拿出 100 万元存入银行,才能保证这项奖励制度顺利实现.

2.6.3 存款货币的创造机制

存款货币的创造机制与商业银行的经营业务密切相关.在存贷款业务中,银行不能将所有的存款都贷放出去,必须提留一部分准备金,这部分准备金与存款额的比例关系,称为准备金率.在现代,准备金率是以法律的形式确定的,称为法定准备金率.例如,某银行 A 在接受客户甲的 10 000 元存款时,如果法定准备金率为 20%,则 A 银行必须提留 2 000 元准备金.能够贷放出去的只是余下的 8 000 元.假如此时 A 银行把这 8 000 元贷给客户乙,这时 A 银行的资产负债情况见表 2.5.

表 2.5

资　　　产		负　　　债	
准备金	2 000	存　款	10 000
贷　款	8 000		

客户乙将贷款 8 000 元存入自己的开户银行 B,则 B 银行留下 20% 的准备金 1 600 元,其余的 6 400 元又可贷给客户丙.此时 B 银行的资产负债情况见表 2.6.

表 2.6

资　　　产		负　　　债	
准备金	1 600	存　款	8 000
贷　款	6 400		

以此类推,从银行 A 开始至 B,C,…,N,持续地存款贷款,最终产生表2.7所示结果.

表 2.7

银 行	存 款	准 备 金	贷 款
A	10 000	2 000	8 000
B	8 000	1 600	6 400
C	6 400	1 280	5 120
D	5 120	1 024	4 096
…	…	…	…
合 计	50 000	10 000	40 000

从表中可知,在法定准备金率为20%时,这10 000元的"原始存款"可使相关银行获得另外40 000元的贷款及存款业务,这40 000元存、贷款业务的扩张是当初意想不到的. 我们称它为存贷款业务的神奇扩张. 由于这后来的40 000元存贷款业务,是由于当初的第一笔存款10 000元才引发的,所以才称原来的10 000元存款为"原始存款",并称后40 000元为"派生存款". 所以,由于有原始存款的存入,才产生派生存款,并引致存、贷款总量成倍扩张的现象,在货币银行学中,称为"存款货币的创造",它是存款货币量的"乘数效应".

下面我们就来讨论由于这原始存款的存入而产生的这一连串连锁效应的存款总量(即原始存款＋派生存款)的计算公式:

设原始存款金额为 R 元,法定准备金率为20%,依题意,由连锁效应而产生的存款总额为

$$D = R + R \times 0.8 + R \times 0.8^2 + \cdots + R \times 0.8^n + \cdots$$

$$= R(1 + 0.8 + 0.8^2 + \cdots + 0.8^n + \cdots)$$

上式括号中的级数是等比级数,它的前 n 项之和为

$$D_n = R \cdot \frac{1 - 0.8^n}{1 - 0.8} = R \cdot \frac{1 - 0.8^n}{0.2}$$

取极限,即得存款总额为

$$D = \lim_{n \to +\infty} D_n = \lim_{n \to +\infty} R \cdot \frac{(1 - 0.8^n)}{0.2} = \frac{R}{0.2}$$

即

$$\text{系列存款总额} = \frac{\text{原始存款金额}}{\text{法定准备金率}}$$

例 2.6.3 结合本文开始,由于原始存款 $R = 10\ 000$ 元,所以由它引发的系列存款总额为

$$D = \frac{R}{0.2} = \frac{10\ 000}{0.2} = 50\ 000(\text{元})$$

习 题 2.2

1. 求下列极限:

(1) $\lim_{x \to 3} \dfrac{x^2 + 1}{x^4 - x^2 + 1}$;

(2) $\lim_{x \to 0} \left(1 - \dfrac{2}{x - 3}\right)$;

(3) $\lim\limits_{x\to\infty}\dfrac{2+x^6}{x^2+5x^4}$;

(4) $\lim\limits_{n\to\infty}\dfrac{1+2+\cdots+n}{n^2}$;

(5) $\lim\limits_{n\to\infty}\dfrac{(n-1)^2}{n+1}$;

(6) $\lim\limits_{x\to3}\dfrac{x^2-5x+6}{x^2-8x+15}$;

(7) $\lim\limits_{x\to\infty}\dfrac{x^3+3x^2+2x}{2x^3-x-6}$;

(8) $\lim\limits_{x\to1}\dfrac{x^m-1}{x^n-1}$($m$，$n$ 为正整数).

2. 求下列极限:

(1) $\lim\limits_{x\to0}\dfrac{\tan kx}{x}$;

(2) $\lim\limits_{x\to0}\dfrac{1-\cos 2x}{x\sin x}$;

(3) $\lim\limits_{x\to-1}\dfrac{\sin(x^2-1)}{x+1}$;

(4) $\lim\limits_{x\to0}\dfrac{\sin 3x}{\sin 2x}$;

(5) $\lim\limits_{n\to\infty}\left(1+\dfrac{1}{3n}\right)^{4n-5}$;

(6) $\lim\limits_{x\to\infty}\left(\dfrac{2x+10}{2x+8}\right)^{x+9}$;

(7) $\lim\limits_{x\to\infty}\left(1-\dfrac{4}{x}\right)^{2x}$;

(8) $\lim\limits_{x\to1}(1+\ln x)^{\frac{5}{\ln x}}$.

3. 设贷款期限为 10 年,年利率为 3.5%,若贷款 20 万元购买一辆轿车,且按复利成连续复利计息,试问 10 年末还款的本利和是多少?

4. 某企业计划发行公司债券,规定以年利率 6.5% 的连续复利计算利息,10 年后每份债券一次偿还本息 1 000 元,问发行时每份债券的价格应定为多少元?

5. 某企业拟建立一项永久性的奖励基金,用于奖励在生产科研中有杰出贡献的职工,计划每年颁发一次,每次 50 000 元.若银行存款利率为 10%,问现在应存入多少钱才能保证每年都能发放?

2.7 函数的连续性

我们已经知道,函数的连续性是函数的基本性质之一,这在第一章中讨论函数性质的时候,我们提到过.现在,有了函数的极限概念之后,再去讨论函数的连续性,就更加方便了.

为了讨论函数的连续性,我们先引入函数增量的概念.

2.7.1 函数的增量

定义 2.6 设变量 u 从它的一个初值 u_1 变到终值 u_2 时,终值与初值之差 u_2-u_1 称为变量 u 的增量,记作

$$\Delta u = u_2 - u_1$$

增量 Δu 可以是正的,也可以是负的.在 Δu 为正的情形,变量 u 从初值 u_1 变到终值 $u_2=u_1+\Delta u$ 时是增大的;当 Δu 为负时,变量 u 从初值 u_1 变到终值 $u_2=u_1+\Delta u$ 时是减小的.

现在假定函数 $y=f(x)$ 在点 x_0 的某一邻域* 内有定义,当自变量 x 在点 x_0 有一增量 Δx(即 x 从 x_0 变到 $x_0+\Delta x$)时,函数 y 的相应增量为 Δy,则

$$\Delta y = f(x_0+\Delta x) - f(x_0)$$

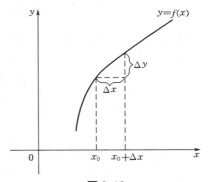

图 2.12

如图 2.12 所示.*

2.7.2　函数连续性的定义

在自然界和日常生活中的许多现象,如气温的变化,河水的流动等都是随时间而连续变化的.经济学中所讨论的许多现象也常常认为是连续变化的,如微小的价格变动通常对应于需求量的微小变动,消费通常随收入而连续变动等等.把这种种现象反映到数学上来就是函数的连续性.

所谓一个函数是否连续,意思就是当自变量的变化极其微小时,函数的相应变化也应该是极其微小的,否则就不是连续的了.根据这样一种认识,我们来看函数的连续性.

设有函数:$y = f(x)$,x_0 是其定义域中的一点.当 $|\Delta x| = |x - x_0|$ 足够小的时候,$|\Delta y| = |f(x) - f(x_0)| = |f(x_0 + \Delta x) - f(x_0)|$ 可以任意小.也就是当 $\Delta x \to 0$ 时,$\Delta y \to 0$.

这时我们就说函数 $y = f(x)$ 在点 x_0 处是连续的.它在几何上的直观意义见图 2.12.

但是,对于如图 2.13 所示的情况,函数在 x_0 处不满足这个条件,所以它在点 x_0 处不连续.

下面给出函数在一点处连续的严格定义.

定义 2.7（第一种形式）　设函数 $y = f(x)$ 在点 x_0 的某个邻域内有定义,如果当自变量 x 在点 x_0 处的增量 Δx 趋于零时,函数的相应增量 Δy 也趋于零,即

$$\lim_{\Delta x \to 0} \Delta y = 0 \qquad (2.1)$$

则称函数 $f(x)$ 在点 x_0 处连续.

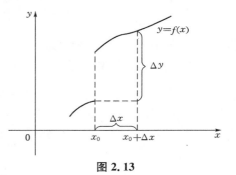

图 2.13

由于

$$\Delta y = f(x) - f(x_0) = f(x_0 + \Delta x) - f(x_0)$$

所以

$$\lim_{\Delta x \to 0} \Delta y = \lim_{\Delta x \to 0} [f(x_0 + \Delta x) - f(x_0)]$$
$$= \lim_{\Delta x \to 0} f(x_0 + \Delta x) - \lim_{\Delta x \to 0} f(x_0)$$

---

* 关于邻域的概念:

设有一个实数集合

$$X = \{x \mid |x - x_0| < \delta, \delta > 0\}$$

它在数轴上是一个以 x_0 为中心,长度为 2δ 的开区间 $(x_0 - \delta, x_0 + \delta)$,即

此实数集合 X 和它所表示的开区间 $(x_0 - \delta, x_0 + \delta)$ 称为点 x_0 的 δ 邻域.

例如:

$$X = \left\{x \mid |x - 5| < \frac{1}{2}\right\}$$

表示点 $x_0 = 5$ 的 $\frac{1}{2}$ 邻域,也就是开区间 $(4.5, 5.5)$.

$$= \lim_{\Delta x \to 0} f(x_0 + \Delta x) - f(x_0)$$
$$= 0$$

于是

$$\lim_{\Delta x \to 0} f(x_0 + \Delta x) = f(x_0) \tag{2.2}$$

式(2.2)与式(2.1)等价,因此式(2.2)是函数在一点处连续的第二种定义形式.

例 2.7.1 证明函数 $y = x^2$ 在给定点 x_0 处连续.

证 设 x 在 x_0 处有增量 Δx,则函数的增量为

$$\Delta y = f(x_0 + \Delta x) - f(x_0)$$
$$= (x_0 + \Delta x)^2 - x_0^2$$
$$= 2x_0 \cdot \Delta x + (\Delta x)^2$$

所以

$$\lim_{\Delta x \to 0} \Delta y = \lim_{\Delta x \to 0} [2x_0 \cdot \Delta x + (\Delta x)^2] = 0$$

因此 $y = x^2$ 在给定点 x_0 处连续.

在上面的定义中,由于 $\Delta x = x - x_0$,即

$$x = x_0 + \Delta x$$

故当 $\Delta x \to 0$ 时,$x \to x_0$. 所以

$$\lim_{\Delta x \to 0} \Delta y = \lim_{\Delta x \to 0} [f(x_0 + \Delta x) - f(x_0)]$$
$$= \lim_{x \to x_0} [f(x) - f(x_0)] = 0$$

即

$$\lim_{x \to x_0} f(x) = f(x_0)$$

因此,函数在一点连续的定义又可叙述如下.

定义 2.8(第三种形式) 设函数 $y = f(x)$ 在点 x_0 的某个邻域内有定义,如果当 $x \to x_0$ 时,函数 $f(x)$ 的极限存在,而且等于 $f(x)$ 在点 x_0 的函数值 $f(x_0)$,即有

$$\lim_{x \to x_0} f(x) = f(x_0)$$

则称函数 $f(x)$ 在点 x_0 处连续.

因此,求连续函数在某点的极限,只需求出函数在该点的函数值即可,这是求连续函数极限的一个重要法则.

例如前面例 2.7.1,已经证明了 $y = x^2$ 在点 x_0 处连续,故有

$$\lim_{x \to x_0} x^2 = x_0^2$$

连续函数求极限的这一法则,可使求连续函数的极限变得大为简单,因此以后在求极限时,需要很好加以利用.

下面讨论一下什么是左连续和右连续.

相应于左极限和右极限的两个概念,我们有:

（1）若 $\lim\limits_{x \to x_0 - 0} f(x) = f(x_0)$，则称 $y = f(x)$ 在点 x_0 左连续；

（2）若 $\lim\limits_{x \to x_0 + 0} f(x) = f(x_0)$，则称 $y = f(x)$ 在点 x_0 右连续.

接着我们讨论函数在区间上的连续性.

定义 2.9 如果函数 $y = f(x)$ 在区间 (a, b) 内每一点都连续，则称 $y = f(x)$ 在 (a, b) 内连续，并称 $f(x)$ 是 (a, b) 内的连续函数. 进而如果又在 $x = b$ 处左连续，在 $x = a$ 处右连续，则称 $y = f(x)$ 在 $[a, b]$ 上连续，并称 $f(x)$ 是闭区间 $[a, b]$ 上的连续函数. 使函数 $y = f(x)$ 连续的区间叫做 $f(x)$ 的连续区间.

从几何上说，连续函数的图形是一条没有间隙的连续曲线.

对于连续函数，若 x_0 是其连续区间中的一点，由

$$\lim_{x \to x_0} f(x) = f(x_0) \quad 及 \quad \lim_{x \to x_0} x = x_0$$

因此有

$$\lim_{x \to x_0} f(x) = f(x_0) = f(\lim_{x \to x_0} x)$$

这就是说，对于连续函数，在求其极限时，极限符号可以拿到函数符号的里面去. 或者也可以说，在函数的连续点处求极限时，只要直接求其函数值便可.

例如：$y = \sin x$ 在 $(-\infty, +\infty)$ 上连续，故有

$$\lim_{x \to x_0} \sin x = \sin(\lim_{x \to x_0} x) = \sin x_0$$

又例如：

$$\lim_{x \to x_0} e^{3x} = e^{\lim_{x \to x_0} 3x} = e^{3x_0}$$

2.7.3 初等函数的连续性

由前面例 2.7.1，我们已经证明了函数 $y = x^2$ 在给定点 x_0 处连续. 由于 x_0 是任意给定的，它可以是函数定义域 $(-\infty, +\infty)$ 内的任意一点，所以这就证明了幂函数 $y = x^2$ 是其定义域 $(-\infty, +\infty)$ 内的连续函数.

例 2.7.2 讨论函数 $y = \sin x$ 的连续性.

解 设 x_0 是 $y = \sin x$ 定义域 $(-\infty, +\infty)$ 内的任意一点，当 x 在 x_0 有增量 Δx 时，对应的函数增量

$$\Delta y = \sin(x_0 + \Delta x) - \sin x_0$$

$$= 2\cos\left(x_0 + \frac{\Delta x}{2}\right) \sin \frac{\Delta x}{2}$$

因为 $\left| \cos\left(x_0 + \dfrac{\Delta x}{2}\right) \right| \leqslant 1$，所以 $\cos\left(x_0 + \dfrac{\Delta x}{2}\right)$ 是有界函数. 又因为

$$\lim_{\Delta x \to 0} \sin \frac{\Delta x}{2} = 0$$

所以当 $\Delta x \to 0$ 时，$\sin \dfrac{\Delta x}{2}$ 是无穷小.

由有界函数与无穷小的乘积还是无穷小的概念，所以

$$\lim_{\Delta x \to 0} \Delta y = \lim_{\Delta x \to 0} 2\cos\left(x_0 + \frac{\Delta x}{2}\right)\sin\frac{\Delta x}{2} = 0$$

因此根据定义，$y = \sin x$ 在点 x_0 处连续. 又因为 x_0 是函数定义域中的任意一点，所以 $y = \sin x$ 在它的定义域$(-\infty, +\infty)$中是处处连续的.

同样可证，$y = \cos x$ 在它的定义域$(-\infty, +\infty)$中也是处处连续的. 可以证明，所有基本初等函数都是在各自定义域中的连续函数.

根据极限的运算法则和连续函数的定义可知，有限个在某一点 x_0 处连续的函数的代数和、乘积和商（只要分母在该点不为零，即 $Q(x_0) \neq 0$），都是一个在该点连续的函数. 即设 $y_1 = P(x)$ 与 $y_2 = Q(x)$ 在点 x_0 处连续，则

$$f(x) = P(x) \pm Q(x)$$
$$\varphi(x) = P(x)Q(x)$$
$$F(x) = \frac{P(x)}{Q(x)} \qquad (Q(x_0) \neq 0)$$

在点 x_0 也连续.

对于上述结果，只需证明第一种情况成立，即证明 $f(x) = P(x) \pm Q(x)$ 在点 x_0 处连续，其他情形可以类似地去证明.

因为 $P(x)$ 与 $Q(x)$ 在点 x_0 处连续，所以有

$$\lim_{x \to x_0} P(x) = P(x_0)$$
$$\lim_{x \to x_0} Q(x) = Q(x_0)$$

因此，根据极限的运算法则，有

$$\lim_{x \to x_0}[P(x) \pm Q(x)] = \lim_{x \to x_0} P(x) \pm \lim_{x \to x_0} Q(x)$$
$$= P(x_0) \pm Q(x_0)$$

再根据函数在一点处连续的定义，便知

$$f(x) = P(x) \pm Q(x)$$

在点 x_0 处也连续.

利用上述结论，可知：

（1）有理整函数，即 x 的 n 次多项式

$$P(x) = a_0 x^n + a_1 x^{n-1} + \cdots + a_{n-1} x + a_n$$

是其定义域$(-\infty, +\infty)$内的连续函数.

（2）有理分式函数

$$F(x) = \frac{P(x)}{Q(x)}$$
$$= \frac{a_0 x^n + a_1 x^{n-1} + \cdots + a_{n-1} x + a_n}{b_0 x^m + b_1 x^{m-1} + \cdots + b_{m-1} x + b_m}$$

除分母为零的点不连续外，在其他点都是连续的.

还可以证明：

（3）由连续函数构成的复合函数是连续函数. 例如：由于 $y = \ln u$ 是在 $(0, +\infty)$ 内的连续函数，$u = 1 - e^{-x}$ 是在 $(-\infty, +\infty)$ 内的连续函数，所以复合函数 $y = \ln(1 - e^{-x})$ 在 $x \in (0, +\infty)$ 时也是连续函数.

根据以上所有结果，可以得到下面非常有用的结论：

（4）一切初等函数在其定义区间内都是连续的.

这样，在求定义区间内任何点处初等函数的极限时，利用连续性：$\lim\limits_{x \to x_0} f(x) = f(x_0)$，只须求出在该点的函数值即可. 例如：

$$\lim\limits_{x \to \pi/2} \sin x = \sin \frac{\pi}{2} = 1$$

$$\lim\limits_{x \to e} \ln x = \ln e = 1$$

即若 x_0 是初等函数定义区间中的一点，则

$$\lim\limits_{x \to x_0} f(x) = f(\lim\limits_{x \to x_0} x) = f(x_0)$$

2.8 函数的间断点

从函数在一点处连续的定义可以知道，如果函数 $f(x)$ 在 $x = x_0$ 处连续，必须同时满足下列三个条件，缺一不可：

（1）$f(x)$ 在 x_0 处有定义，即 $f(x_0)$ 存在；

（2）$\lim\limits_{x \to x_0} f(x)$ 存在，即左、右极限存在而且相等：

$$\lim\limits_{x \to x_0 - 0} f(x) = \lim\limits_{x \to x_0 + 0} f(x)$$

（3）$\lim\limits_{x \to x_0} f(x) = f(x_0)$，即极限值就是该点的函数值 $f(x_0)$.

以上三个条件，称为函数的连续条件. 概括起来，这三个条件是：其一是说 $f(x_0)$ 存在，其二是说 $\lim\limits_{x \to x_0} f(x)$ 存在，其三是说二者相等. 这三个条件任缺一条，都不能说函数在点 x_0 处是连续的.

下面我们给出函数间断点的定义.

2.8.1 函数间断点的定义

定义 2.10 如果函数 $f(x)$ 在点 x_0 处不满足连续条件，则称函数 $f(x)$ 在点 x_0 处不连续，或者称函数 $f(x)$ 在点 x_0 处间断. 点 x_0 称为 $f(x)$ 的间断点.

间断点的判定：根据连续条件的三个要求，如果 $f(x)$ 在点 x_0 处有下列三种情形之一，即

（1）在点 x_0 处 $f(x)$ 没有定义；

（2）$\lim\limits_{x \to x_0} f(x)$ 不存在；

（3）虽然在 x_0 处有定义，$\lim\limits_{x \to x_0} f(x)$ 也存在，但 $\lim\limits_{x \to x_0} f(x) \neq f(x_0)$.

则 $f(x)$ 在点 x_0 处不连续,亦即 x_0 为 $f(x)$ 的不连续点或间断点.

可见在应满足的三个条件中,只要有一条不满足的点,就是函数的间断点.

现在举例说明如下.

例 2.8.1 考察 $y = \dfrac{1}{x}$ 在点 $x = 0$ 处的连续性.

解 因为函数 $y = \dfrac{1}{x}$ 在 $x = 0$ 处没有定义,不满足条件(1),所以 $y = \dfrac{1}{x}$ 在 $x = 0$ 处间断.

又由于 $\lim\limits_{x \to 0} \dfrac{1}{x} = \infty$,所以 $x = 0$ 叫做函数 $\dfrac{1}{x}$ 的无穷不连续点或称无穷间断点(如图 2.14 所示).

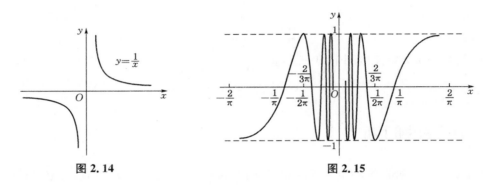

图 2.14　　　　　　　　　　　　图 2.15

例 2.8.2 考察函数 $y = \sin\dfrac{1}{x}$ 在点 $x = 0$ 处的连续性.

解 函数 $y = \sin\dfrac{1}{x}$ 是由 $y = \sin u$ 和 $u = \dfrac{1}{x}$ 复合而成的复合函数. 当 $x = 0$ 时,u 没有定义,所以复合函数 $y = \sin\dfrac{1}{x}$ 在 $x = 0$ 处没有定义,不满足条件(1),可知 $x = 0$ 是该函数的间断点. 又由于 $\lim\limits_{x \to 0} \sin\dfrac{1}{x}$ 不存在,当 $x \to 0$ 时,永远振荡于 -1 与 $+1$ 之间,所以 $x = 0$ 叫做 $y = \sin\dfrac{1}{x}$ 的振荡不连续点或称振荡间断点(如图 2.15 所示).

例 2.8.3 函数 $y = |x|$ 在区间 $(-\infty, +\infty)$ 有定义,在点 $x = 0$ 处连续吗?

解 $f(x) = \begin{cases} -x & x \leqslant 0 \\ x & x > 0 \end{cases}$

$f(x)$ 在点 $x = 0$ 处有定义,且 $f(0) = 0$,

$$\lim_{x \to 0^-} f(x) = \lim_{x \to 0^-}(-x) = 0$$

$$\lim_{x \to 0^+} f(x) = \lim_{x \to 0^+} x = 0$$

所以　　　　　$\lim\limits_{x \to 0^-} f(x) = \lim\limits_{x \to 0^+} f(x)$

所以　　　　　$\lim\limits_{x \to 0} f(x) = 0$

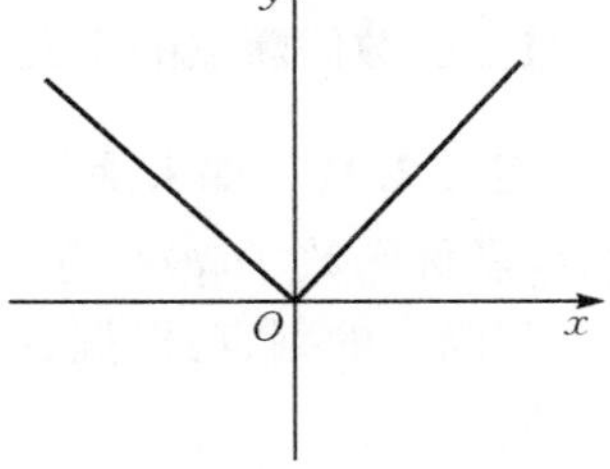

图 2.16

又因为 $f(0) = \lim\limits_{x \to 0} f(x)$

所以 $f(x)$ 在点 $x = 0$ 处连续.

例 2.8.4 设 $f(x) = \begin{cases} x-1 & x \geqslant 0 \\ 2x & x < 0 \end{cases}$,考察 $f(x)$ 在点 $x = 0$ 处是否连续.

解 $f(x)$ 在 $x = 0$ 处有定义,且 $f(0) = -1$,有

$$\lim_{x \to 0^+} f(x) = \lim_{x \to 0^+} (x-1) = -1 = f(0)$$

$$\lim_{x \to 0^-} f(x) = \lim_{x \to 0^-} 2x = 0 \neq f(0)$$

不满足连续性的条件,所以 $f(x)$ 在 $x = 0$ 处间断,且为有穷跳跃间断点(如图 2.17 所示).

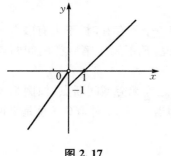

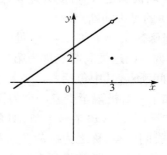

图 2.17   图 2.18

例 2.8.5 设 $f(x) = \begin{cases} \dfrac{x^2-9}{x-3} & x \neq 3 \\ 2 & x = 3 \end{cases}$,考察 $f(x)$ 在点 $x = 3$ 处是否连续.

解 $f(x)$ 在 $x = 3$ 处有定义,且 $f(3) = 2$,有

$$\lim_{x \to 3} f(x) = \lim_{x \to 3} \frac{x^2-9}{x-3} = 6 \neq f(3)$$

不满足连续性的条件,所以在 $x = 3$ 处间断,且为可去间断点(如图 2.18 所示).

例 2.8.6 设 $f(x) = \dfrac{x+1}{x^2-2x-3}$,考察 $f(x)$ 的间断点.

解 $f(x)$ 在 $x = -1$ 和 $x = 3$ 处没有定义,即分母 $x^2 - 2x - 3 = 0$,函数 $f(x) = \dfrac{x+1}{x^2-2x-3}$ 无意义. 当 $x = -1$ 时,有

$$\lim_{x \to -1} f(x) = \lim_{x \to -1} \frac{x+1}{x^2-2x+3} = -\frac{1}{4}$$

不满足连续性的条件,所以在 $x = -1$ 处间断,且为可去间断点.

当 $x = 3$ 时,有

$$\lim_{x \to 3} f(x) = \lim_{x \to 3} \frac{x+1}{x^2-2x-3} = \infty$$

不满足连续性的条件,所以在 $x = 3$ 处间断,且为无穷型间断点.

2.8.2 间断点的分类

综合以上各例,可把函数的间断点分为两大类共 5 种情况:

1. 当函数 $f(x)$ 在 $x = x_0$ 处的左右极限都存在时,此类间断点称为第一类间断点,其中包括:

① 如果左、右极限不相等,即左、右极限虽然存在但不满足条件(2),这种间断点称为不可去间断点或有穷跳跃间断点,如例 2.8.4.

② 如果连续条件(1)和(2)满足,但条件(3)不满足,这时只要将间断点处的定义加以修改,即可变为连续的,这种间断点称为可去间断点,如例 2.8.5.

③ 如果满足连续条件(2),但不满足条件(1),这时只要在间断点处补充定义,使条件(1)和(3)均被满足,即可变为连续,这种间断点也称为可去间断点,如例 2.8.6 中,$x = -1$ 时是 $f(x)$ 的可去间断点.

2. 当函数 $f(x)$ 在 $x = x_0$ 处的左右极限至少有一个不存在时(不为有限数,或者不是确定的常数),则这类间断点称为第二类间断点. 或者说,凡不属于第一类的间断点,就统称为第二类间断点,其中包括:

① 如果左右极限至少有一个为无穷大时,则可称之为无穷型间断点,如例 2.8.1.

② 如果函数 $f(x)$ 在 $x = x_0$ 处的极限不存在,即当 $x \to x_0$ 时,$f(x)$ 总是来回摆动,则这种第二类间断点,称之为振荡型间断点,如例 2.8.2.

最后,把上述分类结果列表 2.8,可以一览全局.

表 2.8

分类	第一类间断点		第二类间断点	
	可去间断点	不可去间断点	无穷型	振荡型
分类原则	① $\lim\limits_{x \to x_0^-} f(x) = \lim\limits_{x \to x_0^+} f(x) \neq$ $f(x_0)$; ② $\lim\limits_{x \to x_0^-} f(x) = \lim\limits_{x \to x_0^+} f(x)$,但 $f(x)$ 在 x_0 无定义	$\lim\limits_{x \to x_0^-} f(x) \neq \lim\limits_{x \to x_0^+} f(x)$	左、右极限至少有一个为 ∞	在 $x = x_0$ 处极限不存在,永远振荡
例	例 2.8.4 和例 2.8.5	例 2.8.3	例 2.8.1	例 2.8.2

习 题 2.3

1. 求下列函数的连续区间,并求极限:

(1) $f(x) = \dfrac{1}{\sqrt{1-x^2}}$,求 $\lim\limits_{x \to 0} f(x)$; (2) $f(x) = \dfrac{x^2-1}{x^3-1}$,求 $\lim\limits_{x \to 0} f(x)$;

(3) $f(x) = \lg e^{\sqrt{x}}$,求 $\lim\limits_{x \to 1} f(x)$.

2. 求下列函数的不连续点:

(1) $f(x) = \dfrac{1}{(x+1)^2}$; (2) $f(x) = \dfrac{x^2-1}{x^2-3x+2}$;

(3) $f(x) = \dfrac{\sin x}{x}$.

3. 讨论下列函数在 $x = 0$ 处的连续性:

(1) $f(x) = \begin{cases} x-1, & x \leqslant 0 \\ 3-x, & x > 0 \end{cases}$;

(2) $f(x) = \begin{cases} \dfrac{x^2}{x}, & x \neq 0 \\ 1, & x = 0 \end{cases}$.

4. 求下列极限:

(1) $\lim\limits_{x \to 0} \dfrac{\ln(1+x^2)}{\sin(2+x^2)}$;

(2) $\lim\limits_{x \to 0^-} \dfrac{2^{\frac{1}{x}} - 1}{2^{\frac{1}{x}} + 1}$;

(3) $\lim\limits_{x \to +\infty} \dfrac{\ln(1+x) - \ln x}{x}$;

(4) $\lim\limits_{x \to 1} \arccos \dfrac{\sqrt{3x + \lg x}}{2}$;

(5) $\lim\limits_{x \to +\infty} \dfrac{\sqrt{x^4 + 2x^2 + 1}}{2x^2}$;

(6) $\lim\limits_{x \to 1} x(\sqrt{x^2 - 1} - x)$;

(7) $\lim\limits_{x \to 1} e^{x-1}$;

(8) $\lim\limits_{x \to \infty} \left(1 + \dfrac{1}{x}\right)$.

5. 在下列函数中, a 取什么值时函数连续?

(1) $f(x) = \begin{cases} \dfrac{\sin 2x}{x}, & x < 0 \\ 3x^2 - 2x + a, & x \geqslant 0 \end{cases}$;

(2) $f(x) = \begin{cases} 1 + e^x, & x < 0 \\ x + 2a, & x \geqslant 0 \end{cases}$.

6. 验证五次代数方程 $x^5 - 3x - 1 = 0$ 在开区间 $(1, 2)$ 内至少有一个实根.

7. 政府向某企业投资 1 000 万元, 按连续复利年利率 5% 计算利息, 规定 20 年后一次收回投资额, 到期企业应向政府偿还投资多少万元?

8. 一片森林现有木材积蓄量为 $a \, \text{m}^3$, 若以年增长率 1.2% 均匀增长, 问经过 t 年时间, 这片森林的木材积蓄量是多少?

3 导数与微分

我国著名科学家钱伟长论"天才"与"神童"

本文摘自 1976~1984 天津科学技术出版社的《中国科学小品选》，它的题目是《才能来自勤奋学习》. 下面是摘自该文的部分内容.

文章说: 生而知之者是不存在的，"天才"也是不存在的. 人们的才能虽有差别，但主要来自于勤奋学习.

文章说: 学习也是实践，不断地学习实践是人们才能的基础和源泉. 没有学不会的东西，问题就在于你肯不肯学，敢不敢学. 自幼养成勤奋学习的习惯，就会比一般人早一些表现出有才能，人们却误认为是什么"天才"，捧之为"神童". 其实，"天才"和"神童"的才能主要也是后天获得的. 当所谓的"天才"和"神童"一旦被人们发现后，捧场、社交等等因素阻止了他们继续勤奋学习，渐渐落后了，最后竟堕落到一事无成者，在历史上是屡见不鲜的. 反之，本来不是"神童"，由于坚持不懈地奋发努力，而成为举世闻名的科学家、发明家的却大有人在.

文章说: 牛顿、爱因斯坦、爱迪生都不是"神童". 牛顿终身勤奋好学，很少在午夜两点以前睡觉，常常通宵达旦工作. 爱因斯坦读中学的成绩并不好，考了两次大学才被录取，学习也不出众，毕业后相当一段时间找不到工作，后来在瑞士伯尔尼专利局当了七年职员. 就是在这七年里，爱因斯坦在艰苦的条件下顽强地学习工作着，利用业余时间勾画出了相对论的理论基础. 发明家爱迪生家境贫苦，只上了三个月的学，在班上成绩很差. 但是他努力学习，对于许多自己不懂的问题，总是以无比坚强的意志和毅力刻苦钻研. 为了研制灯泡和灯丝，他摘写了四万页资料，实验过一千六百多种矿物和六千多种植物. 由于他每天工作十几个小时，比一般人的工作时间长得多，相当于延长了生命，所以当他年纪七十几岁时，宣称自己已经是一百三十五岁的人了. 著名数学家高斯自己就曾经说过: 任何人付出和他同样的努力，都会有和他那样的贡献. 高斯和他的夫人感情很好，夫人病危时他正在书房里研究数学，当家人们一再催促，夫人在临危前要见他一面时，他总是说: "请她再坚持一会儿，……，就一会儿. "足见高斯是怎样忘我地醉心于科研工作的. 居里夫人和她的丈夫为了提炼"镭"，在"共和国不要学者"的豪华巴黎，只能在一个没人要的小木板棚里，坚韧不拔地工作了四年.

此外，文章还列举了许多古今中外由于勤奋好习，获得成功的事例.

文章最后说: 总之，人们的才能主要是由勤奋努力学习得来的. 所以牛顿说: "天才就是思想的耐心"，爱迪生说: "天才，是百分之一的灵感加百分之九十九的血汗"，门捷列夫说: "终身努力便是天才"，高尔基说: "天才就是劳动"，古人诗曰: "锲而舍之，朽木不折! 锲而不舍，金石可镂"，也是说的一个道理. 马克思终身好学不倦，为了写《资本论》，花了四十年的功夫阅读资料和摘写笔记. 他在伦敦，每天到大英博物院图书馆阅读，竟在座位前的地板上踩出了一双脚印. 马克思是我们光辉榜样,这双脚印深刻地说明:"才能来自勤奋学习".

3.1 导数的概念

导数与微分是微分学理论的基本概念. 导数反映了函数相对于自变量变化而变化的快慢程度,即函数的变化率,它对于研究物体运动的速度、工农业的总产值的增长的速度等有着极其重要的作用;而微分则是指当自变量有微小改变时,函数的大体上改变了多少,在实际应用特别是近似计算中发挥着极其重要的作用. 本章主要介绍导数的概念、计算导数的基本公式与运用法则及微分的概念.

3.1.1 经济学中边际成本的概念

在第一章内容中,我们了解了成本函数的概念,知道生产一定数量的产品与所需费用之间存在一定的函数关系,不仅如此,我们还要研究生产一定数量的产品时总成本变化率的状况,它对于经济科学理论及经济活动中的分析和决策,有着十分重要的作用.

设某商品生产 x 个单位的总成本 C 为 x 的函数 $C(x)$,当产量达到 x_0 时总成本为 $C(x_0)$,这时生产每个单位商品的平均成本为 $\dfrac{C(x_0)}{x_0}$. 现在产量有变化,例如增加 Δx 单位,相应的总成本有了相应的增量 $\Delta C = C(x_0 + \Delta x) - C(x_0)$,增产部分的产品每单位的平均成本为

$$\overline{C(x)} = \frac{\Delta C}{\Delta x} = \frac{C(x_0 + \Delta x) - C(x_0)}{\Delta x}$$

当 $\Delta x \to 0$ 时,经济学中称极限值

$$\lim_{\Delta x \to 0} \frac{\Delta C}{\Delta x} = \lim_{\Delta x \to 0} \frac{C(x_0 + \Delta x) - C(x_0)}{\Delta x}$$

为当产量为 x_0 单位时的边际成本,其意义是生产处于某一水平时总成本的瞬时变化率.

由于边际成本是生产水平为 x_0 时成本的变化率,即可以看成在这个水平上再增加一个单位产品使总成本增加的数量. 如果它此时低于平均成本,从降低单位成本的角度来看,还应该继续提高产量;如果它此时高于平均成本则不应继续增产.

同样的,设 $R = R(Q)$ 表示收益函数,R 表示总收益,Q 表示需求量(或商品量),则

$$\lim_{\Delta Q \to 0} \frac{\Delta R}{\Delta Q} = \lim_{\Delta Q \to 0} \frac{R(Q_0 + \Delta Q) - R(Q_0)}{\Delta Q}$$

表示为商品为 Q_0 时收入的变化率,称之为边际收益.

以上两例,虽然实际含义很不同,但从抽象的数量关系来看,其实质上都是归结于计算函数的改变量与自变量的改变量之比. 当自变量的改变量趋于零时的极限,这个极限就叫函数的导数.

3.1.2 导数的定义

定义 3.1 设函数 $y = f(x)$ 在点 x_0 的某邻域内有定义,当自变量 x 在点 x_0 处有增量 Δx 时,相对应函数 y 有增量

$$\Delta y = f(x_0 + \Delta x) - f(x_0)$$

如果当 $\Delta x \to 0$ 时

$$\lim_{\Delta x \to 0} \frac{\Delta y}{\Delta x} = \lim_{\Delta x \to 0} \frac{f(x_0 + \Delta x) - f(x_0)}{\Delta x} \tag{3.1}$$

存在,则称此极限值为函数 $f(x)$ 在点 x_0 处的导数或(微商),并称函数 $f(x)$ 在点 x_0 处可导具有导数. $f(x)$ 在点 x_0 处的导数记为

$$f'(x_0) \quad 或 \quad y'\mid_{x=x_0} \quad 或 \quad \frac{\mathrm{d}y}{\mathrm{d}x}\bigg|_{x=x_0}$$

如果式(3.1)的极限不存在,则称函数 $y = f(x)$ 在 x_0 处不可导;如果 $\Delta x \to 0$ 时,比值 $\frac{\Delta y}{\Delta x} \to \infty$,为了方便起见,我们往往也说函数 $y = f(x)$ 在点 x_0 处的导数为无穷大.

若函数 $y = f(x)$ 在区间 (a, b) 内每一点都可导,就称函数 $f(x)$ 在区间 (a, b) 内可导,这时函数 $f(x)$ 对于 (a, b) 内每一个确定的 x 值,都对应着一个确定导数,这就构成了 x 的一个新的函数,这个新的函数叫做原来函数 $y = f(x)$ 的导函数(简称导数),记为 y', f', $\frac{\mathrm{d}y}{\mathrm{d}x}$ 或 $\frac{\mathrm{d}f(x)}{\mathrm{d}x}$. 即在式(3.1)中,把 x_0 换成 x,使 $y = f(x)$ 的导函数式为

$$f'(x) = \lim_{\Delta x \to 0} \frac{\Delta y}{\Delta x} = \lim_{\Delta x \to 0} \frac{f(x + \Delta x) - f(x)}{\Delta x}$$

由导数的定义可知,求函数 $y = f(x)$ 的导数可分为以下三个步骤:

(1) 求增量:$\Delta y = f(x + \Delta x) - f(x)$;

(2) 算比值:$\dfrac{\Delta y}{\Delta x} = \dfrac{f(x + \Delta x) - f(x)}{\Delta x}$;

(3) 求极限:$y' = \lim\limits_{\Delta x \to 0} \dfrac{\Delta y}{\Delta x} = \lim\limits_{\Delta x \to 0} \dfrac{f(x + \Delta x) - f(x)}{\Delta x}$.

例 3.1.1 已知函数 $f(x) = \sqrt{x}$,求 $f'(x)$,$f'(2)$.

解 (1) $\Delta y = f(x + \Delta x) - f(x) = \sqrt{x + \Delta x} - \sqrt{x}$

(2) $\dfrac{\Delta y}{\Delta x} = \dfrac{\sqrt{x + \Delta x} - \sqrt{x}}{\Delta x} = \dfrac{(\sqrt{x + \Delta x} - \sqrt{x})(\sqrt{x + \Delta x} + \sqrt{x})}{\Delta x(\sqrt{x + \Delta x} + \sqrt{x})}$

$\qquad = \dfrac{\Delta x}{\Delta x(\sqrt{x + \Delta x} + \sqrt{x})}$

(3) $f'(x) = \lim\limits_{\Delta x \to 0} \dfrac{\Delta y}{\Delta x} = \lim\limits_{\Delta x \to 0} \dfrac{\Delta x}{\Delta x(\sqrt{x + \Delta x} + \sqrt{x})} = \dfrac{1}{2\sqrt{x}}$,即 $f'(x) = (\sqrt{x})' = \dfrac{1}{2\sqrt{x}}$

$\qquad f'(2) = \dfrac{1}{2\sqrt{x}}\bigg|_{x=2} = \dfrac{\sqrt{2}}{4}$

例 3.1.2 求 $y = \cos x$ 的导数.

解 (1) $\Delta y = \cos(x + \Delta x) - \cos x = -2\sin\left(x + \dfrac{\Delta x}{2}\right)\sin\dfrac{\Delta x}{2}$

$$(2) \quad \frac{\Delta y}{\Delta x} = -\sin\left(x + \frac{\Delta x}{2}\right)\frac{\sin\dfrac{\Delta x}{2}}{\dfrac{\Delta x}{2}}$$

$$(3) \quad y' = \lim_{\Delta x \to 0}\frac{\Delta y}{\Delta x} = -\lim_{\Delta x \to 0}\sin\left(x + \frac{\Delta x}{2}\right)\frac{\sin\dfrac{\Delta x}{2}}{\dfrac{\Delta x}{2}} = -\sin x$$

即

$$(\cos x)' = -\sin x$$

类似的方法,可求正弦函数 $y = \sin x$ 的导数

$$(\sin x)' = \cos x$$

3.1.3 导数的几何意义

如图 3.1,设一连续曲线 L 是函数 $y = f(x)$ 的图像,求 L 上给定点 $M(x_0, y_0)$ 处切线的斜率.

在曲线上另取一动点 $M'(x_0 + \Delta x, y_0 + \Delta y)$,点 M' 的位置取决于 Δx;作割线 MM',设其倾角(即与 x 轴的夹角)为 α,则此割线 MM' 的斜率为

$$\tan\alpha = \frac{\Delta y}{\Delta x} = \frac{f(x_0 + \Delta x) - f(x_0)}{\Delta x}$$

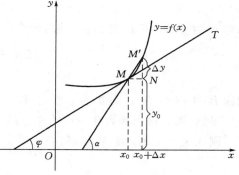

图 3.1

当 $\Delta x \to 0$ 时,动点 M' 将沿曲线 $y = f(x)$ 趋于点 M,从而割线 MM' 也随之变动到极限位置 —— 曲线 $y = f(x)$ 在点 $M(x_0, y_0)$ 处的切线 MT(如图 3.1 所示),我们称直线 MT 为曲线在定点 M 处的切线. 这时,角 α 无限接近于切线 MT 与 x 轴正向夹角 φ,于是切线 MT 的斜率 k 为

$$k = \tan\varphi = \lim_{\Delta x \to 0}\tan\alpha$$

即

$$k = \lim_{\Delta x \to 0}\frac{\Delta y}{\Delta x} = \lim_{\Delta x \to 0}\frac{f(x_0 + \Delta x) - f(x_0)}{\Delta x} = f'(x_0)$$

因此,函数 $y = f(x)$ 在点 x_0 处的导数,就是该函数所表示的曲线在点 M 处切线的斜率,这就是导数的几何意义.

综上所述,如果 $f'(x_0)$ 存在,那么我们便可利用直线的点斜式方程,求出曲线 $y = f(x)$ 在点 x_0 处的:

(1)切线方程,即

$$y - y_0 = f'(x_0)(x - x_0)$$

(2)法线方程

$$y - y_0 = -\frac{1}{f'(x_0)}(x - x_0) \qquad (f'(x_0) \neq 0)$$

如果 $y = f(x)$ 在点 x_0 处的导数为无穷大,即 $\tan\varphi$ 不存在,这时曲线 $y = f(x)$ 的割线以垂直于 x 轴的直线为极限位置,即曲线 $y = f(x)$ 在点 $M(x_0, y_0)$ 处具有垂直于 x 轴的切线.

例 3.1.3   求曲线 $y = 2^x$ 在点 $(0,1)$ 处的切线和法线方程.

解   因为 $y' \mid_{x=0} = (2^x)' \mid_{x=0} = \ln 2$

所以 所求得切线方程为

$$y - 1 = \ln 2 \cdot (x - 0) \qquad 即 \quad y - x\ln 2 - 1 = 0$$

所求得法线方程为

$$y - 1 = -\frac{1}{\ln 2}(x - 0) \qquad 即 \quad y\ln 2 - \ln 2 + x = 0$$

3.1.4 左、右导数的定义

定义 3.2   设函数 $y = f(x)$ 在 x_0 的某邻域内有定义,A,B 均为定数,若

$$\lim_{\Delta x \to 0^-} \frac{f(x_0 + \Delta x) - f(x_0)}{\Delta x} = A$$

则称 A 为 $f(x)$ 在 x_0 处的左导数,记作 $f'_-(x_0)$;若

$$\lim_{\Delta x \to 0^+} \frac{f(x_0 + \Delta x) - f(x_0)}{\Delta x} = B$$

则称 B 为 $f(x)$ 在 x_0 处的右导数,记作 $f'_+(x_0)$.

显然,当且仅当函数在一点的左、右导数都存在且相等时,函数在该点才是可导的.

例 3.1.4   设函数

$$f(x) = \begin{cases} \sin x & x < 0 \\ x & x \geqslant 0 \end{cases}$$

求函数 $f(x)$ 在 $x = 0$ 处的左右导数,并说明 $f(x)$ 在 $x = 0$ 处的可导性.

解   当 $\Delta x < 0$ 时,

$$f(0 + \Delta x) = \sin(0 + \Delta x) = \sin \Delta x$$

当 $\Delta x > 0$ 时,

$$f(0 + \Delta x) = 0 + \Delta x = \Delta x$$

则

$$f'_-(0) = \lim_{\Delta x \to 0^-} \frac{f(0 + \Delta x) - f(0)}{\Delta x}$$

$$= \lim_{\Delta x \to 0^-} \frac{\sin \Delta x}{\Delta x} = 1$$

$$f'_+(0) = \lim_{\Delta x \to 0^+} \frac{f(0 + \Delta x) - f(0)}{\Delta x}$$

$$= \lim_{\Delta x \to 0^+} \frac{\Delta x}{\Delta x} = 1$$

因为 $\qquad\qquad\qquad\qquad f'_-(0) = f'_+(0) = 1$

所以 $\qquad\qquad\qquad\qquad f'(0) = 1$

3.1.5 可导与连续的关系

定理 3.1 如果函数 $y = f(x)$ 在点 x_0 处可导,则它在点 x_0 处一定连续.

证 因为函数 $y = f(x)$ 在 x_0 处可导,所以有

$$\lim_{\Delta x \to 0} \frac{\Delta y}{\Delta x} = f'(x_0)$$

由

$$\Delta y = \frac{\Delta y}{\Delta x} \Delta x$$

可得

$$\lim_{\Delta x \to 0} \Delta y = \lim_{\Delta x \to 0} \frac{\Delta y}{\Delta x} \Delta x = \lim_{\Delta x \to 0} \frac{\Delta y}{\Delta x} \lim_{\Delta x \to 0} \Delta x = f'(x_0) \cdot 0 = 0$$

这就是说,函数 $y = f(x)$ 在 x_0 处连续.

这个定理的逆定理不成立,即函数 $y = f(x)$ 在 x_0 处连续,但在点 x_0 处不一定可导.

例 3.1.5 如图 3.2 所示,函数

$$y = |x| = \begin{cases} x & (x \geqslant 0) \\ -x & (x < 0) \end{cases}$$

在区间 $(-\infty, +\infty)$ 内处处连续,但它在点 $x = 0$ 处不可导.

因为

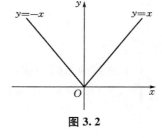

图 3.2

$$f'_+(0) = \lim_{\Delta x \to 0^+} \frac{\Delta y}{\Delta x} = \lim_{\Delta x \to 0^+} \frac{|\Delta x|}{\Delta x} = \lim_{\Delta x \to 0^+} \frac{\Delta x}{\Delta x} = 1$$

$$f'_-(0) = \lim_{\Delta x \to 0^-} \frac{\Delta y}{\Delta x} = \lim_{\Delta x \to 0^-} \frac{|\Delta x|}{\Delta x} = \lim_{\Delta x \to 0^-} \frac{-\Delta x}{\Delta x} = -1$$

$$f'_+(0) \neq f'_-(0)$$

故 $f'(0)$ 不存在,函数在点 $x = 0$ 处不可导.

习 题 3.1

1. 根据导数的定义求下列函数的导数:

    (1) $f(x) = 10x^2$; $\qquad\qquad\qquad\qquad$ (2) $f(x) = \dfrac{1}{x}$.

2. 已知 $f(x) = \cos x$,求 $f'\left(\dfrac{\pi}{6}\right)$ 和 $f'\left(\dfrac{\pi}{3}\right)$.

3. 求曲线 $y = x^4$ 在 $(1, 1)$ 处的切线方程和法线方程.

4. 设

$$f(x) = \begin{cases} e^x & x \leqslant 0 \\ 2x+1 & x > 0 \end{cases}$$

试确定函数在 $x=0$ 处的连续性与可导性.

5. 讨论函数 $f(x) = \dfrac{|x-2|}{x-2}$ 在 $x=2$ 处的可导性.

6. 某商品产量为 x 时的成本函数为 $c(x) = x^3 - 3x^2 + 3x$,求商品的边际成本和平均成本函数.

3.2 导数的基本公式与运算法则

尽管在导数定义中给出了计算导数的一般方法,但是,对于每一函数,如果都经过那样复杂的步骤来求导,则计算量是很大的,因此有必要给出导数的基本公式与运算法则,借助它们来简化求导的计算.

3.2.1 一些基本初等函数的导数公式

上一节我们已给出了三个基本初等函数的基本公式:

(1) 幂函数导数: $(x^\alpha)' = \alpha x^{\alpha-1}$

(2) 正弦函数导数: $(\sin x)' = \cos x$

(3) 余弦函数导数: $(\cos x)' = -\sin x$

下面我们再推出两个基本初等函数的导数公式.

(4) 常数的导数:

设 $y=c$,因为恒有 $\Delta y=0$,于是恒有 $\dfrac{\Delta y}{\Delta x}=0$,因而

$$y' = \lim_{\Delta x \to 0} \frac{\Delta y}{\Delta x} = 0$$

所以 $c'=0$.

(5) 对数函数的导数:

设 $y=\log_a x$ $(a>0,\ a\neq 1)$,由

$$\Delta y = \log_a(x+\Delta x) - \log_a x = \log_a\left(1+\frac{\Delta x}{x}\right)$$

得

$$\frac{\Delta y}{\Delta x} = \frac{1}{\Delta x}\log_a\left(1+\frac{\Delta x}{x}\right) = \frac{1}{x} \cdot \frac{x}{\Delta x}\log_a\left(1+\frac{\Delta x}{x}\right) = \frac{1}{x}\log_a\left(1+\frac{\Delta x}{x}\right)^{\frac{x}{\Delta x}}$$

于是

$$y' = \lim_{\Delta x \to 0} \frac{\Delta y}{\Delta x} = \lim_{\Delta x \to 0} \frac{1}{x}\log_a\left(1+\frac{\Delta x}{x}\right)^{\frac{x}{\Delta x}} = \frac{1}{x}\log_a e = \frac{1}{x\ln a}$$

即

$$(\log_a x)' = \frac{1}{x\ln a} = \frac{1}{x}\log_a e$$

特别地,取 $a=\mathrm{e}$,即得自然对数 $y=\ln x$ 的导数

$$(\ln x)'=\frac{1}{x}$$

3.2.2 函数的和、差、积、商的求导法则

(1) 两个函数的和、差的求导法则

设函数 $u=u(x)$,$v=v(x)$ 都在 x 处可导,则它们的和、差 $u(x)\pm v(x)$ 在 x 处也可导,且

$$y'=(u\pm v)'=u'\pm v'$$

证 设 $y=u(x)\pm v(x)$,给自变量 x 以改变量 Δx,则函数 y 有相对应的改变量 Δy,即

$$\Delta y=[u(x+\Delta x)\pm v(x+\Delta x)]-[u(x)\pm v(x)]$$
$$=[u(x+\Delta x)-u(x)]\pm[v(x+\Delta x)-v(x)]$$
$$=\Delta u\pm\Delta v$$

因此

$$\frac{\Delta y}{\Delta x}=\frac{\Delta u\pm\Delta v}{\Delta x}=\frac{\Delta u}{\Delta x}\pm\frac{\Delta v}{\Delta x}$$

取极限得

$$\lim_{\Delta x\to0}\frac{\Delta y}{\Delta x}=\lim_{\Delta x\to0}\frac{\Delta u}{\Delta x}\pm\lim_{\Delta x\to0}\frac{\Delta v}{\Delta x}=u'\pm v'$$

所以

$$y'=(u\pm v)'=u'\pm v'$$

这表明两个可导函数的和(差)的导数等于这两个函数的导数的和(差),这个法则对于有限个可导函数也成立,即

$$(u_1+u_2+\cdots+u_n)'=u_1'+u_2'+\cdots+u_n'$$

例 3.2.1 设 $f(x)=3x^4-\mathrm{e}^x+5\cos x-1$,求 $f'(x)$.

解 $f'(x)=(3x^4-\mathrm{e}^x+5\cos x-1)'=(3x^4)'-(\mathrm{e}^x)'+(5\cos x)'-(1)'$
$$=12x^3-\mathrm{e}^x-5\sin x$$

(2) 两个函数的乘积的求导法则

设函数 $u=u(x)$,$v=v(x)$ 都在 x 处可导,则它们的积 $y=uv$ 在 x 处也可导,且

$$y'=(uv)'=u'v+v'u$$

证 设 $y=u(x)v(x)$,给自变量 x 以改变量 Δx,则函数 y 有相应的改变量 Δy,即

$$\Delta y=u(x+\Delta x)v(x+\Delta x)-u(x)v(x)$$
$$=[u(x)+\Delta u][v(x)+\Delta v]-u(x)v(x)$$
$$=u(x)\Delta v+v(x)\Delta u+\Delta u\Delta v$$

因此

$$\frac{\Delta y}{\Delta x}=u(x)\frac{\Delta v}{\Delta x}+v(x)\frac{\Delta u}{\Delta x}+\Delta u\frac{\Delta v}{\Delta x}$$

当 $\Delta x \to 0$ 时,函数 $u=u(x)$ 在 x 处可导因而连续,所以 $\lim\limits_{\Delta x \to 0}\Delta u=0$,于是

$$y'=\lim_{\Delta x \to 0}\frac{\Delta y}{\Delta x}=u'(x)v(x)+u(x)v'(x)$$

特别地,当 $u=C$(C 为常数)时,

$$y'=(Cv)'=Cv'$$

即常数因子可以移到导数符号外面.

对于有限个可导函数的乘积,其求导法则可仿上面的方法推得,即如果 $y=u_1 u_2 \cdots u_n$,则

$$(u_1 u_2 \cdots u_n)'=u_1' u_2 \cdots u_n+u_1 u_2' \cdots u_n+\cdots+u_1 \cdots u_{n-1} u_n'$$

例 3.2.2 求函数 $y=x^2 \sin x$ 的导数.

解 $y'=(x^2)'\sin x+x^2(\sin x)'$
  $=2x\sin x+x^2\cos x$

例 3.2.3 求函数 $y=\left(x-\dfrac{1}{x}\right)(2x+1)$ 的导数.

解 $y'=\left(x-\dfrac{1}{x}\right)'(2x+1)+\left(x-\dfrac{1}{x}\right)(2x+1)'$

$\qquad =\left(1+\dfrac{1}{x^2}\right)(2x+1)+2x-\dfrac{2}{x}$

$\qquad =4x+\dfrac{1}{x^2}+1$

(3) 两个函数的商的求导法则

设函数 $u=u(x)$,$v=v(x)$ 都是 x 的可导函数,且 $v\neq 0$,则函数 $y=\dfrac{u}{v}$ 也是 x 的可导函数,且

$$y'=\left(\frac{u}{v}\right)'=\frac{vu'-uv'}{v^2}$$

证 由 $y=\dfrac{u(x)}{v(x)}$,得 $u(x)=yv(x)$.根据两个函数的积的求导法则,得

$$u'=y'v+yv'$$

即

$$y'=\frac{u'-yv'}{v}=\frac{u'-\dfrac{u}{v}v'}{v}=\frac{u'v-uv'}{v^2}$$

这表明两个可导函数之商的导数等于分子的导数与分母的乘积减去分母的导数与分子的乘积,再除以分母的平方.

特别地,当 $u=C$(C 为常数)时,有

$$\left(\frac{C}{v}\right)'=-C\frac{v'}{v^2}$$

例 3.2.4　求：① $y = \tan x$，② $y = \cot x$，③ $y = \sec x$，④ $y = \csc x$ 的导数.

解　① 由于 $\tan x = \dfrac{\sin x}{\cos x}$，应用商的求导法则，得

$$y' = (\tan x)' = \left(\frac{\sin x}{\cos x}\right)' = \frac{(\sin x)' \cos x - \sin x (\cos x)'}{\cos^2 x} = \frac{\cos^2 x + \sin^2 x}{\cos^2 x} = \sec^2 x$$

即

$$y' = (\tan x)' = \sec^2 x$$

② 类似可得

$$(\cot x)' = - \csc^2 x$$

③ 由于 $\sec x = \dfrac{1}{\cos x}$，则

$$y' = (\sec x)' = \left(\frac{1}{\cos x}\right)' = \frac{\sin x}{\cos^2 x} = \tan x \cdot \sec x$$

④ 类似可得

$$(\csc x)' = - \cot x \cdot \csc x$$

3.2.3　反函数的导数

设函数 $y = f(x)$ 在点 x 处有不等于 0 的导数 $f'(x)$，并且其反函数 $x = f^{-1}(y)$ 在相应点处连续，则 $[f^{-1}(y)]'$ 存在，且

$$[f^{-1}(y)]' = \frac{1}{f'(x)} \quad \text{或} \quad f'(x) = \frac{1}{[f^{-1}(x)]'}$$

上述结果表明：$f(x)$ 的反函数 $f^{-1}(x)$ 的导数等于函数 $f(x)$ 的导数的倒数.

证　因为 $y = f(x)$ 在点 x 的某邻域内单调连续，当 $y = f(x)$ 的反函数 $x = f^{-1}(y)$ 的自变量 y 取得改变量 Δy 时，因变量 x 也取得相应的改变量 Δx.

当 $\Delta y \neq 0$ 时必有 $\Delta x \neq 0$，有

$$\frac{\Delta x}{\Delta y} = \frac{1}{\dfrac{\Delta y}{\Delta x}}$$

因为 $x = f^{-1}(y)$ 在点 y 处连续，所以 $\Delta y \to 0$ 时，$\Delta x \to 0$，而 $f'(x) \neq 0$，所以

$$[f^{-1}(y)]' = \lim_{\Delta y \to 0} \frac{\Delta x}{\Delta y} = \lim_{\Delta x \to 0} \frac{1}{\dfrac{\Delta y}{\Delta x}} = \frac{1}{f'(x)}$$

或

$$f'(x) = \frac{1}{[f^{-1}(y)]'}$$

例 3.2.5　求反正弦函数 $y = \arcsin x \; (-1 < x < 1)$ 的导数.

解　因为 $y = \arcsin x \; (-1 < x < 1)$ 的反函数是

$$x = \sin y \qquad \left(-\frac{\pi}{2} < y < \frac{\pi}{2} \right)$$

而

$$y' = (\arcsin x)' = \frac{1}{(\sin y)'} = \frac{1}{\cos y} = \frac{1}{\sqrt{1 - \sin^2 y}}$$

$$= \frac{1}{\sqrt{1 - x^2}} \qquad (-1 < x < 1)$$

即

$$y' = (\arcsin x)' = \frac{1}{\sqrt{1 - x^2}}$$

同样可得

$$(\arccos x)' = -\frac{1}{\sqrt{1 - x^2}} \qquad (-1 < x < 1)$$

$$(\arctan x)' = \frac{1}{1 + x^2}$$

$$(\text{arccot } x)' = -\frac{1}{1 + x^2}$$

例 3.2.6 求指数函数 $y = a^x (a > 0, \, a \neq 1)$ 的导数.

解 因为 $y = a^x$ 的反函数为 $x = \log_a y \, (y > 0)$,而

$$y' = (a^x)' = \frac{1}{(\log_a y)'} = y \ln a = a^x \ln a$$

即

$$y' = (a^x)' = a^x \ln a$$

特别地,当 $a = e$ 时有

$$(e^x)' = e^x$$

3.2.4 复合函数求导法则

设函数 $y = f(u)$ 与 $u = \varphi(x)$ 可以复合成函数 $y = f[\varphi(x)]$,若 $u = \varphi(x)$ 在点 x 处有导数 $\varphi'(x) = \dfrac{\mathrm{d}u}{\mathrm{d}x}$, $y = f(u)$ 在对应点 u 处有导数 $\dfrac{\mathrm{d}y}{\mathrm{d}u} = f'(u)$,则复合函数 $y = f[\varphi(x)]$ 在点 x 处的导数也存在,并且

$$\frac{\mathrm{d}y}{\mathrm{d}x} = \frac{\mathrm{d}y}{\mathrm{d}u} \cdot \frac{\mathrm{d}u}{\mathrm{d}x} \quad \text{或} \quad y'_x = y'_u \cdot u'_x$$

证 当自变量 x 有改变量 $\Delta x \neq 0$ 时,中间变量 u 取得改变量 Δu,从而复合函数 y 取得改变量 Δy. 当 $\Delta u \neq 0$ 时,有

$$\frac{\Delta y}{\Delta x} = \frac{\Delta y}{\Delta u} \cdot \frac{\Delta u}{\Delta x}$$

因为 $u = \varphi(x)$ 在点 x 处可导,必然连续,故当 $\Delta x \to 0$ 时,有 $\Delta u \to 0$,因此有

$$\lim_{\Delta x \to 0} \frac{\Delta y}{\Delta x} = \lim_{\Delta x \to 0} \frac{\Delta y}{\Delta u} \frac{\Delta u}{\Delta x} = \lim_{\Delta x \to 0} \frac{\Delta y}{\Delta u} \lim_{\Delta x \to 0} \frac{\Delta u}{\Delta x} = \frac{\mathrm{d}y}{\mathrm{d}u} \cdot \frac{\mathrm{d}u}{\mathrm{d}x}$$

即

$$\frac{\mathrm{d}y}{\mathrm{d}x} = \frac{\mathrm{d}y}{\mathrm{d}u} \cdot \frac{\mathrm{d}u}{\mathrm{d}x} \quad 或 \quad y'_x = y'_u \cdot u'_x$$

当 $\Delta u = 0$ 时,也可以证明上述公式成立.

这个法则说明:复合函数对自变量的导数等于复合函数对中间变量的导数乘以中间变量对自变量的导数.

计算复合函数的导数,关键是分析清楚复合函数的构成,也就是复合函数是由哪几个基本初等函数复合而成,然后再按复合函数的求导法则求导.

例 3.2.7 设 $y = (3x+2)^4$,求 $\dfrac{\mathrm{d}y}{\mathrm{d}x}$.

解 设 $y = u^4$, $u = 3x+2$,则

$$\frac{\mathrm{d}y}{\mathrm{d}x} = \frac{\mathrm{d}y}{\mathrm{d}u} \cdot \frac{\mathrm{d}u}{\mathrm{d}x} = (u^4)'_u (3x+2)'_x = 4u^3 \cdot 3 = 12(3x+2)^3$$

例 3.2.8 求函数 $y = \sin(2x+3)$ 的导数.

解 设 $y = \sin u$, $u = 2x+3$,则

$$y' = (\sin u)'_u \cdot (2x+3)'_x = 2\cos u$$
$$= 2\cos(2x+3)$$

例 3.2.9 求函数 $y = \ln \dfrac{x+1}{x-1}$ 的导数.

解 $y = \ln(x+1) - \ln(x-1)$

$$y' = \frac{1}{x+1} - \frac{1}{x-1} = \frac{-2}{x^2-1}$$

求复合函数的导数,写出中间变量是很麻烦的,在计算熟练之后,解题时可不必把中间变量写出来,从而简化求导运算.

例 3.2.10 求函数 $y = \ln x^2 + \ln^2 x$ 的导数.

解 $y' = \dfrac{2x}{x^2} + \dfrac{2\ln x}{x} = \dfrac{2 + 2\ln x}{x}$

3.2.5 隐函数求导法和对数求导法

(1) 隐函数求导法

前面讨论的所要求导的函数,都是显函数. 所谓显函数,就是因变量大多是由自变量的某个算式来表示的,例如 $y = a^x$, $y = \sqrt{a^2 - x^2}$ 等等,但我们也常常遇到一些函数的因变量 y 与自变量 x 的对应关系只用一个方程 $F(x, y) = 0$ 来表示的,例如 $x^2 + y^2 = 1$, $x^2 y + y = 1$ 等等,我们称这种形式表示的函数为隐函数.

如何求隐函数的导数呢?下面我们通过例子来说明直接由方程 $F(x, y) = 0$ 求出导数 y' 的方法.

例 3.2.11 求由方程 $y = xy^2 + xe^y$ 确定的隐函数的导数.

解 方程两边逐项对 x 求导,注意 y 是 x 的函数,把 y^2 与 e^y 看作 x 的复合函数. 由复合函数的求导法则,得

$$y' = y^2 + 2xy \cdot y' + e^y + xe^y \cdot y'$$

由此得

$$y' = \frac{y^2 + e^y}{1 - 2xy - xe^y}$$

求隐函数导数的一般方法是:将等式 $F(x, y) = 0$ 两边逐项对 x 求导,得到一个含有 y' 的一次方的方程,然后把含 y' 的项移到等式的左端,不含 y' 的项移到等式的右边,最后求出 y'.

例 3.2.12 求由方程 $y^3 - 3x^2y + 2x = 0$ 确定的函数 y 的导数.

解 将方程两边逐项对 x 求导,得

$$3y^2 \cdot y' - 6xy - 3x^2 \cdot y' + 2 = 0$$

由此得

$$y' = \frac{6xy - 2}{3y^2 - 3x^2}$$

(2)取对数求导法

取对数求导法就是将 $y = f(x)$ 两边取对数,然后按隐函数的求导法求出 y'.

例 3.2.13 求函数 $y = (\sin x)^{\tan x}$ 的导数.

解 对 $y = (\sin x)^{\tan x}$ 两边取对数,得

$$\ln y = \tan x \ln \sin x$$

在等式两边对 x 求导,得

$$\frac{1}{y}y' = \sec^2 x \ln \sin x + \tan x \cdot \cot x$$

解得

$$y' = y(\sec^2 x \ln \sin x + 1)$$
$$= (\sin x)^{\tan x}(\sec^2 x \ln \sin x + 1)$$

例 3.2.14 求函数 $y = (x-1)^{\frac{3}{2}} \cdot \sqrt{\dfrac{x-4}{x-2}}$ 的导数.

解 先将方程两边取对数,得

$$\ln y = \frac{3}{2}\ln(x-1) + \frac{1}{2}\ln(x-4) - \frac{1}{2}\ln(x-2)$$

再两边对 x 求导,得

$$\frac{1}{y}y' = \frac{3}{2(x-1)} + \frac{1}{2(x-4)} - \frac{1}{2(x-2)}$$

于是得

$$y' = (x-1)^{\frac{3}{2}}\sqrt{\frac{x-4}{x-2}}\left[\frac{3}{2(x-1)} + \frac{1}{2(x-4)} - \frac{1}{2(x-2)}\right]$$

通过以上两个例子的解析，我们知道取对数求导法对于求某些函数的导数，如求幂指函数的导数和求由多个函数相乘、相除而组成的比较复杂函数的导数，显得简便、快捷，很有用处.

3.2.6 基本初等函数的求导公式

为了便于记忆和使用，我们将讲过的基本初等函数的所有导数公式及运算法则列在下面.

(1) 导数的基本公式

① $(C)' = 0$ （C 为常数）；

② $(x^a)' = \alpha x^{a-1}$（α 为任意常数）；

③ $(\sin x)' = \cos x$；

④ $(\cos x)' = -\sin x$；

⑤ $(\tan x)' = \sec^2 x$；

⑥ $(\cot x)' = -\csc^2 x$；

⑦ $(\sec x)' = \sec x \cdot \tan x$；

⑧ $(\csc x)' = -\csc x \cdot \cot x$；

⑨ $(a^x)' = a^x \ln a$ $(a > 0, a \neq 1)$；

⑩ $(e^x)' = e^x$；

⑪ $(\log_a x)' = \dfrac{1}{x \ln a} = \dfrac{1}{x} \cdot \log_a e$ $(a > 0, a \neq 1)$；

⑫ $(\ln x)' = 1/x$；

⑬ $(\arcsin x)' = \dfrac{1}{\sqrt{1-x^2}}$ $(\mid x \mid < 1)$；

⑭ $(\arccos x)' = -\dfrac{1}{\sqrt{1-x^2}}$ $(\mid x \mid < 1)$；

⑮ $(\arctan x)' = \dfrac{1}{1+x^2}$；

⑯ $(\text{arccot} \, x)' = -\dfrac{1}{1+x^2}$.

(2) 导数的计算法则

① $(u \pm v') = u' \pm v'$；

② $(uv)' = u'v + uv'$；

③ $(Cu)' = Cu'$（C 为常数）；

④ $\left(\dfrac{u}{v}\right)' = \dfrac{u'v - uv'}{v^2}$ $(v \neq 0)$.

习 题 3.2

1. 求下列函数的导数：

(1) $y = x^2 \sqrt{x}$；

(2) $y = x^2(2 + \sqrt{x})$；

(3) $y = 2\sqrt{x} - \dfrac{1}{x} + 4\sqrt{3}$；

(4) $y = \dfrac{x^2}{2} + \dfrac{2}{x^2}$；

(5) $y = \tan x + \sin x$；

(6) $y = (1 - \sqrt{x})\left(1 + \dfrac{1}{\sqrt{x}}\right)$；

(7) $y = xe^x \cos x$；

(8) $y = \dfrac{1 + x}{\sin x}$；

(9) $y = \arcsin x - 2\sqrt{x\sqrt{x}}$；

(10) $y = 4\log_2 x - \dfrac{e^x}{x}$；

(11) $y = \dfrac{x\tan x}{1 + x^2}$；

(12) $y = 2x^2 - \dfrac{1}{x^3} + 5x + 1$；

(13) $y = \sin x \cos x$；

(14) $y = 2^x(x^3 - 1)$；

(15) $y = \dfrac{\ln x}{1 + x^2}$；

(16) $y = x\ln x$；

(17) $y = \dfrac{e^x + 2x}{x}$；

(18) $y = x^2\left(\ln x + \dfrac{6}{x^2}\right)$.

2. 求下列各函数的导数：

(1) $y = (\sqrt{x} + 3)^2$；

(2) $y = \ln(\ln x)$；

(3) $y = \ln(x + \sqrt{x^2 + 1})$；

(4) $y = \sin^2 x^2$；

(5) $y = e^{\tan x}$；

(6) $y = \ln\cos x$；

(7) $y = \arctan(3x - 1)^2$；

(8) $y = e^{3x}$；

(9) $y = \tan(x^2 + 1)$；

(10) $y = 2^{\sin x}$；

(11) $y = \ln^2(x + 1)$；

(12) $y = \tan\dfrac{1}{x}$；

(13) $y = e^{x^2}\cos 3x$；

(14) $y = x\ln(\cos x)$；

(15) $y = \sqrt{x^2 - 2x + 5}$；

(16) $y = \dfrac{\sin x^2}{1 + x}$.

3. 求下列各函数的导数：

(1) $1 + \sin(x + y) = e^{-xy}$；

(2) $\dfrac{x}{y} = \ln(xy)$；

(3) $\sqrt{x} + \sqrt{y} = \sqrt{a}$ $(a > 0)$；

(4) $e^{xy} + y\ln x = \sin 2x$.

4. 利用对数求导法，求下列函数导数：

(1) $y = (1 + \cos x)^{\frac{1}{x}}$；

(2) $y = x^x$ $(x > 0)$；

(3) $y = \sqrt{\dfrac{x(x^2 + 1)}{(x - 1)^2}}$；

(4) $y = \dfrac{e^{2x}(x + 3)}{\sqrt{(x + 5)(x - 4)}}$；

3.3　高阶导数

定义 3.3　若 $y = f(x)$ 的导数 $f'(x)$ 在 x 处仍有导数，则称 $f'(x)$ 的导数为原来函数 $y = f(x)$ 的二阶导数，记作 $f''(x)$ 或 y'' 或 $\dfrac{d^2 y}{dx^2}$.

同理，我们称二阶导数 $f''(x)$ 的导数为 $f(x)$ 的三阶导数，记为 $f'''(x)$，三阶导数 $f'''(x)$ 的导数为 $f(x)$ 的四阶导数，记为 $f^{(4)}(x)$，$f(x)$ 的 $n - 1$ 阶导数的导数叫做 $y = f(x)$ 的 n 阶导数，记为 $f^{(n)}(x)$ 或 $y^{(n)}$.

二阶及二阶以上的导数统称为高阶导数.

函数 $y = f(x)$ 的各阶导数在点 $x = x_0$ 处的值记为

$$f'(x_0), \ f''(x_0), \ f'''(x_0), \ \cdots, \ f^{(n-1)}(x_0), \ f^{(n)}(x_0)$$

例 3.3.1 求 $y = xe^x$ 的二阶导数.

解 因为 $y' = (x)'e^x + x(e^x)' = e^x + xe^x = (1+x)e^x$

所以 $y'' = (1+x)'e^x + (1+x)(e^x)' = e^x + (1+x)e^x = (2+x)e^x$

例 3.3.2 已知 $y = e^{2x} + 1$,求 $y''(0)$.

解 因为 $y' = 2e^{2x}$

所以 $y'' = 4e^{2x}$,得 $y''(0) = 4$

例 3.3.3 求 $y = a^x$ 的 n 阶导数.

解 因为 $y' = a^x \ln a$, $y'' = a^x (\ln a)^2$, $y''' = a^x (\ln a)^3 \cdots$

所以 $y^{(n)} = a^x (\ln a)^n$

例 3.3.4 求 $y = e^x$ 的 n 阶导数.

解 因为 $y' = e^x$, $y'' = e^x$, $y''' = e^x \cdots$

所以 $y^{(n)} = e^x$

例 3.3.5 求 $y = \sin x$ 的 n 阶导数.

解 因为 $y' = (\sin x)' = \cos x = \sin\left(x + \dfrac{\pi}{2}\right)$

$$y'' = \left[\sin x\left(x + \dfrac{\pi}{2}\right)\right]' = \cos\left(x + \dfrac{\pi}{2}\right) = \sin\left(x + 2 \cdot \dfrac{\pi}{2}\right)$$

$$y''' = \left[\sin\left(x + 2 \cdot \dfrac{\pi}{2}\right)\right]' = \cos\left(x + 2 \cdot \dfrac{\pi}{2}\right) = \sin\left(x + 3 \cdot \dfrac{\pi}{2}\right)$$

$$\vdots$$

所以 $y^{(n)} = (\sin x)^{(n)} = \sin\left(x + n \cdot \dfrac{\pi}{2}\right)$

同理可得

$$(\cos x)^{(n)} = \cos\left(x + n \cdot \dfrac{\pi}{2}\right)$$

3.4 函数的微分

3.4.1 微分的概念

前面讲过函数导数描述的是函数在 x 处的变化率,即函数 $f(x)$ 在 x 处变化的快慢速度,有时我们还需了解函数 $f(x)$ 在 x 处取得一个微小改变量 Δx 时,函数取得的相应改变量 Δy 的大小,这就引进了微分的概念.

先看一个比较简单的例子.

若一正方形的边长为 x,则正方形的面积

$$S = x^2$$

如果边长 x 取得一个改变量 Δx,则正方形面积 S 相应取得的改变量为

$$\Delta S = (x + \Delta x)^2 - x^2 = 2x\Delta x + (\Delta x)^2$$

上式包含两部分:第一部分 $2x\Delta x$ 是 Δx 的线性函数;而第二部分 $(\Delta x)^2$,很明显,当 $\Delta x \to 0$ 时,是比 Δx 高阶无穷小量 $\left(\lim\limits_{\Delta x \to 0} \dfrac{(\Delta x)^2}{\Delta x} = 0 \right)$,所以 $(\Delta x)^2$ 在 ΔS 中所起的作用很小,可以将其忽略掉.

所以上式也可以写成 $\Delta S \approx 2x\Delta x$.

同时我们注意到 $f'(x) = 2x$,所以上式也可以写成

$$\Delta S \approx f'(x)\Delta x$$

我们把 $2x\Delta x$ 叫做正方形面积 S 的微分,记作

$$\mathrm{d}S = 2x\Delta x$$

定义 3.4 设函数 $y = f(x)$ 在点 x 处可导,则 $f'(x)\Delta x$ 称为函数 $f(x)$ 在点 x 的微分,记为 $\mathrm{d}y$ 或 $\mathrm{d}f(x)$,即

$$\mathrm{d}y = f'(x)\Delta x$$

通常我们定义自变量 x 的微分就是自变量的改变量,即 $\mathrm{d}x = \Delta x$,所以上式就可以写成以下的式子:

$$\mathrm{d}y = f'(x)\mathrm{d}x$$

从而有

$$\frac{\mathrm{d}y}{\mathrm{d}x} = f'(x)$$

所以导数又可以看成函数的微分与自变量的微分之比,故导数又叫微商.

例 3.4.1 求 $y = \dfrac{1}{x} + x^2$ 的微分.

解 $\mathrm{d}y = \left(\dfrac{1}{x} + x^2 \right)' \mathrm{d}x = \left(-\dfrac{1}{x^2} + 2x \right)\mathrm{d}x$

例 3.4.2 求函数 $y = x\ln x + \cos x$ 的微分.

解 $\mathrm{d}y = (x\ln x + \cos x)'\mathrm{d}x = (\ln x - \sin x + 1)\mathrm{d}x$

例 3.4.3 求函数 $y = x^2 + x$ 在 $x = 3$ 处,(1) $\Delta x = 0.1$,(2) $\Delta x = 0.01$ 时的改变量及微分,并加以比较.能否得出结论:当 Δx 越小时,两者越近似?

解 由于

$$y' = (x^2 + x)' = 2x + 1$$

$$y'\mid_{x=3} = 7$$

(1) 当 $\Delta x = 0.1$ 时

$$\Delta y = 3.1^2 + 3.1 - (3^2 + 3) = 0.71$$

$$dy = 7dx = 0.7$$

(2) 当 $\Delta x = 0.01$ 时

$$\Delta y = 3.01^2 + 3.01 - (3^2 + 3) = 0.070\ 1$$

$$dy = 7dx = 0.07$$

通过以上计算可以看出，当 $|\Delta x|$ 越小时，$\Delta y \approx dy$，即可用微分近似计算 Δy.

3.4.2　微分的几何意义

在直角坐标系中作函数 $y = f(x)$ 的图形，如图 3.3 所示.

在曲线上取一定点 $M(x_0, y_0)$，过点 M 作曲线的切线 MT，则此切线的斜率为

$$f'(x_0) = \tan \varphi$$

当自变量在点 x_0 处取得改变量 Δx 时，就

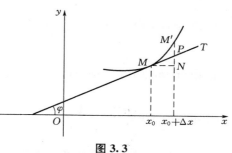

图 3.3

得到曲线上另外一点 $M'(x_0 + \Delta x, y_0 + \Delta y)$，由图 3.3 知

$$MN = \Delta x, \quad NM' = \Delta y$$

且

$$NP = MN \cdot \tan \varphi = f'(x_0)\Delta x = dy$$

因此，函数 $y = f(x)$ 的微分 dy 就是过点 $M(x_0, y_0)$ 的切线的纵坐标的改变量. 图中线段 PM' 是 Δy 与 dy 之差，它是 Δx 的高阶无穷小量.

3.4.3　微分公式与微分运算法则

从函数微分的表达式 $dy = f'(x)dx$ 可以知道，要计算函数的微分，只要求函数的导数，再乘以自变量的微分就可以了，所以，从导数的基本公式和运算法则就可以直接推出微分的基本公式和运算法则.

(1) 微分的基本公式

① $d(C) = 0$（C 为常数）；

② $d(x^n) = nx^{n-1}dx$；

③ $d(\sin x) = \cos x\, dx$；

④ $d(\cos x) = -\sin x\, dx$；

⑤ $d(\tan x) = \sec^2 x\, dx$；

⑥ $d(\cot x) = -\csc^2 x\, dx$；

⑦ $d(\sec x) = \sec x \tan x\, dx$；

⑧ $d(\csc x) = -\csc x \cot x\, dx$；

⑨ $d(a^x) = a^x \ln a \, dx \ (a > 0, a \neq 1)$;

⑩ $d(e^x) = e^x dx$;

⑪ $d(\log_a x) = \dfrac{1}{x \ln a} dx \ (a > 0, a \neq 1)$;

⑫ $d(\ln x) = \dfrac{1}{x} dx$;

⑬ $d(\arcsin x) = \dfrac{1}{\sqrt{1-x^2}} dx \ (|x| < 1)$;

⑭ $d(\arccos x) = -\dfrac{1}{\sqrt{1-x^2}} dx \ (|x| < 1)$;

⑮ $d(\arctan x) = \dfrac{1}{1+x^2} dx$;

⑯ $d(\text{arccot} \, x) = -\dfrac{1}{1+x^2} dx$.

(2) 函数和,差,积,商的微分法则

设 $u(x)$ 和 $v(x)$ 都是 x 的函数,均在 x 处可导,c 为常数,则有

① $d(u \pm v) = du \pm dv$;

② $d(uv) = u dv + v du$;

③ $d(Cu) = C du$;

④ $d(u/v) = \dfrac{v du - u dv}{v^2}$.

3.4.4 微分形式的不变性

设函数 $y = f(u)$ 对 u 可导,当 u 为自变量时,函数 $f(u)$ 的微分表达式为 $dy = f'(u)du$;当 u 不是自变量,而是中间变量,它是 x 的可导函数 $u = \varphi(x)$ 时,则 y 为 x 的复合函数 $y = f[\varphi(x)]$,根据复合函数求导公式,函数 $f[\varphi(x)]$ 的微分表达式为

$$dy = f'[\varphi(x)] \, \varphi'(x) dx = f'(u) du$$

由此可见,对于函数 $y = f(u)$ 来说,不论 u 是自变量,还是自变量的可导函数,它的微分形式同样都是 $dy = f'(u)du$,这个性质称为微分形式的不变性.

例 3.4.4 设 $y = \ln \tan x$,求 dy.

解
$$dy = \frac{1}{\tan x} d(\tan x)$$
$$= \frac{\cos x}{\sin x} \cdot \frac{1}{\cos^2 x} dx$$
$$= \frac{1}{\sin x \cos x} dx$$

例 3. 4. 5 设 $y = e^{\sin 2x}$，求 dy.

解　$dy = e^{\sin 2x} d(\sin 2x)$

$\qquad = 2e^{\sin 2x} \cdot \cos 2x dx$

3. 4. 5　微分在近似计算中的应用

函数 $y = f(x)$ 在 $x = x_0$ 处的改变量 Δy，当 $|\Delta x|$ 很小时，可用微分 dy 近似代替，即

$$\Delta y \approx dy = f'(x_0)\Delta x \qquad (3.2)$$

即

$$f(x_0 + \Delta x) - f(x_0) \approx f'(x_0)\Delta x$$

或

$$f(x_0 + \Delta x) \approx f(x_0) + f'(x_0)\Delta x \qquad (3.3)$$

在式(3.3) 中，令 $x_0 = 0$, $\Delta x = x$，得

$$f(x) \approx f(0) + f'(0)x \qquad (3.4)$$

上面三个式子各有不同的用处，式(3.2) 可用来近似计算 Δy，式(3.3) 可用来近似计算 $f(x_0 + \Delta x)$，而式(3.4)可用来近似表示 $f(x)$.

例 3. 4. 6　计算 $\sqrt{4.1}$ 的近似值.

解　令 $y = x^{\frac{1}{2}}$, $x_0 = 4$, $\Delta x = 0.1$，则

$$f(4.1) = \sqrt{4.1} \approx f(4) + f'(4)\Delta x$$

$$= 2 + \frac{1}{4} \times 0.1 = 2.025$$

例 3. 4. 7　证明：$\sqrt[n]{1+x} \approx 1 + \frac{1}{n}x$.

证　取 $f(x) = \sqrt[n]{1+x}$，则 $f(0) = 1$，且

$$f'(0) = \frac{1}{n}(x+1)^{\frac{1}{n}-1}\Big|_{x=0} = \frac{1}{n}$$

代入式(3.4) 得

$$\sqrt[n]{1+x} \approx 1 + \frac{1}{n}x$$

例 3. 4. 8　某工厂每周生产 x 件产品，能获利 $R = 3\sqrt{100x - x^2}$ 元，当每周产量由 10 件增加到 12 件时，求获利增加的近似值.

解　当产量 x 由 10 件增至 12 件时，利润 R 增加为 ΔR.

因为

$$\Delta R \approx dR = R'dx$$

$$R' = \frac{3(100 - 2x)}{2\sqrt{100x - x^2}} = \frac{3(50 - x)}{\sqrt{100x - x^2}}$$

当 $x_0 = 10, \Delta x = \mathrm{d}x = 2$ 时，

$$\mathrm{d}R = \frac{3(50-10)}{\sqrt{100 \cdot 10 - 10^2}} \cdot 2 = \frac{3 \cdot 40}{30} \cdot 2 = 8$$

所以每周产品由 10 件增至 12 件时，获利增加约为 8 元.

习 题 3.3

1. 求下列函数的二阶导数：

(1) $y = (1+x^2)\arctan x$；

(2) $y = (\arcsin x)^2$；

(3) $y = x^2 - 3x$；

(4) $y = \dfrac{x}{1-x}$.

2. 求下列函数的 n 阶导数：

(1) $y = \dfrac{1}{1-x}$；

(2) $y = x\ln x$；

(3) $y = \sin 2x$.

3. 求下列函数的微分：

(1) $y = x^3 - x$；

(2) $y = x\ln x - x$；

(3) $y = \mathrm{e}^{-x}\cos(1-x)$；

(4) $y = 3x^2 + 4x - 2\sqrt{x}$；

(5) $y = \arctan x^2$；

(6) $y = \mathrm{e}^{\sin\frac{1}{x}}$.

4. 求下列各式的近似值：

(1) $\cos 29°$；

(2) $\sqrt[3]{65}$；

(3) $\mathrm{e}^{1.01}$；

(4) $\sqrt{4.2}$.

5. 证明当 $|x|$ 很小时，下列各近似公式成立：

(1) $\mathrm{e}^x \approx 1+x$；

(2) $(\sin x + \cos x)^n \approx 1+nx$.

4 导数的应用

炒 股 秘 籍

四川有一个股民叫张宝珑,炒股赚了很多钱,他传奇的炒股故事,引起了股民极大的兴趣,人们纷纷探究张宝珑炒股的秘籍.

据张宝珑透露,他是学数学的,他选择股票有一个原则,即具有"临界点"或"拐点"等特征的股票,明天必涨.这就像 0 ℃是水的临界点,37 ℃是人正常体温的"临界点"一样,股票也有这样的"临界点",即通常讲的"起涨点".从数学角度看,任何一只股票的价格都是随着时间在变化,因此,完全可以将时间作为自变量,价格作为因变量,写出一个函数表达式,然后对其求导.如果该函数的一阶导数大于 0,就是单调递增函数,也就是上涨,反之则是单调递减函数,下跌.如果该函数的二阶导数同时等于 0,就是我们要找的"拐点"或"临界点".买股票就是要寻找股票的起涨点,这就是他炒股最大的秘籍.

在本章中,我们要利用导数来研究函数在闭区间上的增减性、极值、曲线的凹向与拐点,最后介绍函数的最值在经济学中的应用.

4.1 函数的单调性与极值

图 4.1 显示的是某种耐用消费品的销售情况的图像,横轴 x 表示时间,纵轴 y 表示销售量.图像显示在区间$(0,\ x_1)$内,对应的曲线 OM_1 缓慢上升;在区间$(x_1,\ x_2)$内,对应的曲线 M_1M_2 上升速度加快,说明市场需求殷切,销售情况良好;在时间达到 x_2 以后,也即销售量达到 $f(x_2)$ 时,市场需求平稳,并进入饱和状态,曲线到达 M_2 位置;其后,市场渐渐萎缩,销售量下降,曲线在 M_2 点发生转折.随着时间的推移,市场经过反复变化后,销售量在 x_t 点达到最高点.

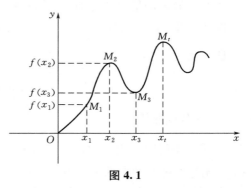

图 4.1

显然,借助图像来分析研究商品的销售状况,对于我们作出市场决策是很有益处的,因此我们有必要进一步研究函数图像的一些特性.

4.1.1 函数单调性的判定法

我们先从几何直观分析一下.设函数 $y = f(x)$ 在区间$(a,\ b)$内可导,即对应的曲线在$(a,\ b)$内处处有切线,如果曲线上每一点的切线斜率都为正值,即 $\tan\alpha = f'(x) > 0$,则此时

函数 $y = f(x)$ 在 (a, b) 内是单调增加的(如图 4.2 所示);如果切线的斜率都为负值,即 $\tan \alpha = f'(x) < 0$,则此时函数 $y = f(x)$ 在 (a, b) 内是单调减少的(如图 4.3 所示).

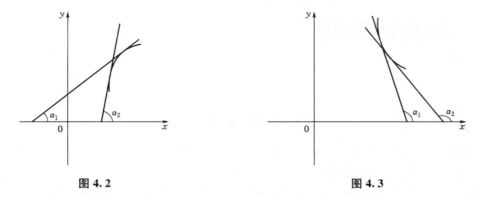

图 4.2   图 4.3

定理 4.1　设函数 $f(x)$ 在区间 (a, b) 内可导.

(1) 若 $x \in (a, b)$,恒有 $f'(x) > 0$ 则 $f(x)$ 在 (a, b) 内单调增加;

(2) 若 $x \in (a, b)$,恒有 $f'(x) < 0$ 则 $f(x)$ 在 (a, b) 内单调减少.

例 4.1.1　讨论函数 $f(x) = x^3 - 3x$ 的单调区间.

解　已知函数 $f(x)$ 的定义域为 $(-\infty, +\infty)$,有

$$f'(x) = 3x^2 - 3 = 3(x^2 - 1)$$

当 $x \in (-1, 1)$ 时,$f'(x) < 0$,函数单调减少;

当 $x \in (-\infty, -1)$ 和 $(1, +\infty)$ 时,$f'(x) > 0$,函数单调增加.

往往函数的定义域被分为若干个部分区间,在某些区间内,函数单调增加,在另一些区间内函数减少,这样的区间称为函数的单调区间.如例 4.1.1 中,函数 $f(x)$ 的定义域就被分为 3 个单调区间.

注意:如果在区间 (a, b) 内,$f'(x) \geqslant 0$(或 $f'(x) \leqslant 0$),但等于只在个别点处成立,则函数 $f(x)$ 在 (a, b) 内仍是单调增加(或单调减少).

例 4.1.2　证明函数 $y = x - \ln(1 + x^2)$ 单调增加.

证　因为 $f'(x) = 1 - \dfrac{2x}{1 + x^2} = \dfrac{(x - 1)^2}{1 + x^2} \geqslant 0$,且只有当 $x = 1$ 时,$f'(x) = 0$,所以 $f(x) = x - \ln(1 + x^2)$ 在 $(-\infty, +\infty)$ 内是单调增加的.

4.1.2　函数的极值

从图 4.4 可以看出,函数 $y = f(x)$ 的图像在点 x_1,x_3,x_5 的函数值 $f(x_1)$,$f(x_3)$,$f(x_5)$ 比它们旁边的点的函数值都大;而在点 x_2,x_4,x_6 的函数值 $f(x_2)$,$f(x_4)$,$f(x_6)$ 比它们旁边的点的函数值都小.对于这种性质的点和所对的函数值,我们给出如下定义.

定义 4.1　设函数 $f(x)$ 在点 x_0 的某邻域 $(x_0 - \delta, x_0 + \delta)$ 内有意义,δ 为某正数,对于任意 $x \in (x_0 - \delta, x_0 + \delta)$ 且 $x \neq x_0$:

(1) 若恒有 $f(x) < f(x_0)$,则称 $f(x_0)$ 为函数 $f(x)$ 的极大值,点 x_0 称为极大值点;

(2) 若恒有 $f(x) > f(x_0)$,则称 $f(x_0)$ 为函数 $f(x)$ 的极小值,点 x_0 称为极小值点.

极大值点与极小值点统称为极值点.

说明：(1) 函数的极值概念是局部性，它只是在与极值点附近的所有点的函数值相比较而言，并不意味着它在函数的整个定义域内最大或最小，因此，函数的极大值不一定比极小值大．如图 4.4，极大值 $f(x_1)$ 就比极小值 $f(x_6)$ 还小．

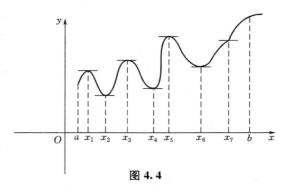

图 4.4

(2) 区间的端点处不能成为极值点，函数的极值点只能出现在区间的内部；而使函数取得最大值、最小值的点可能在区间的内部也可能是区间的端点．

(3) 由图 4.4 可以看出，在函数取得极值处，曲线的切线是水平的，即在极值点处函数的导数为零．但是，某点曲线的切线平行于 x 轴，即在导数为零的点处，函数却不一定取得极值，例如图 4.4 点 x_7 处．

定理 4.2(必要条件) 如果函数 $f(x)$ 在 x_0 处有极值 $f(x_0)$，且 $f'(x_0)$ 存在，则 $f'(x_0)=0$．

证 如果 $f(x_0)$ 为极大值，则存在 x_0 的某邻域，在此邻域内总有

$$f(x_0) \geqslant f(x_0 + \Delta x)$$

于是当 $\Delta x < 0$ 时

$$\frac{f(x_0 + \Delta x) - f(x_0)}{\Delta x} \geqslant 0$$

当 $\Delta x > 0$ 时

$$\frac{f(x_0 + \Delta x) - f(x_0)}{\Delta x} \leqslant 0$$

又因为 $f'(x_0)$ 存在，所以

$$f'(x_0) = \lim_{\Delta x \to 0^-} \frac{f(x_0 + \Delta x) - f(x_0)}{\Delta x} \geqslant 0$$

$$f'(x_0) = \lim_{\Delta x \to 0^+} \frac{f(x_0 + \Delta x) - f(x_0)}{\Delta x} \leqslant 0$$

所以 $f'(x_0) = 0$．

同理可证极小值情形．

使函数的导数 $f'(x) = 0$ 的点 x 称之为函数 $f(x)$ 的驻点．

注意：(1) 定理 4.2 表明，若函数 $f(x)$ 在可导的点 x_0 存在极值，则点 x_0 一定为驻点．但是，函数的驻点不一定是极值点，例如 $y = x^3$ 在 $x = 0$ 处的导数为 0，但在 $x = 0$ 并没有极值（如图 4.5 所示），所以 $f'(x_0) = 0$ 不是极值的充分条件．

(2) 定理 4.2 的条件是 $f(x)$ 在 x_0 处可导，但是，在导数不存在的点，函数也可能有极值，例如 $f(x) = x^{\frac{2}{3}}$，$f'(x) = \frac{2}{3} x^{-\frac{1}{3}}$ 在 $x = 0$ 处不存在，但在 $x = 0$ 处函数却有极小值 $f(0) = 0$（如图 4.6 所示）．

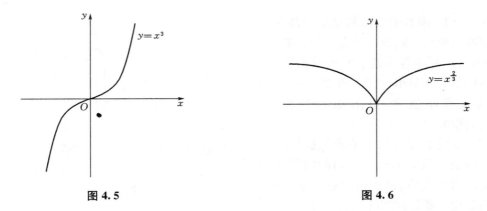

图 4.5   图 4.6

综上所述,函数的极值点必是函数的驻点或导数不存在的点. 但是,驻点或导数不存在的点不一定就是函数的极值点.

定理 4.3(第一充分条件) 设函数 $f(x)$ 在点 x_0 的某邻域 $(x_0-\delta,\ x_0+\delta)$ 内连续可导(但 $f'(x_0)$ 可以不存在).

(1) 如果当 $x\in(x_0-\delta,\ x_0)$ 时,$f'(x)>0$,而当 $x\in(x_0,\ x_0+\delta)$ 时,$f'(x)<0$,则函数 $f(x)$ 在点 x_0 处取极大值 $f(x_0)$;

(2) 如果当 $x\in(x_0-\delta,\ x_0)$ 时,$f'(x)<0$,而当 $x\in(x_0,\ x_0+\delta)$ 时,$f'(x)>0$,则函数 $f(x)$ 在点 x_0 处取极小值 $f(x_0)$;

(3) 如果当 $x\in(x_0-\delta,\ x_0+\delta)$ $(x\neq x_0)$ 时,恒有 $f'(x)>0$ 或 $f'(x)<0$,则 $f(x)$ 在点 x_0 处无极值.

证 (1) 由已知条件,$f(x)$ 在 x_0 的左邻域内为单调增加,即恒有 $f(x)<f(x_0)$;在 x_0 的右邻域内为单调减少,即恒有 $f(x)<f(x_0)$. 由极值的定义知 $f(x)$ 在 x_0 处有极大值 $f(x_0)$.

同理可证(2和(3)成立.

例 4.1.3 求函数 $y=x-\ln(1+x)$ 的极值.

解 函数 y 的定义域为 $(-1,\ +\infty)$,且

$$y'=1-\frac{1}{1+x}=\frac{x}{1+x}$$

令 $f'(x)=0$,得驻点 $x=0$,列表 4.1.

表 4.1

x	$(-1,\ 0)$	0	$(0,\ +\infty)$
y'	$-$	0	$+$
y	↘	极小值	↗

由表 4.1 知,极小值 $y\big|_{x=0}=0$.

例 4.1.4 求函数 $f(x)=x-\dfrac{3}{2}x^{\frac{2}{3}}$ 的极值.

解 函数 $f(x)$ 的定义域为 $(-\infty, +\infty)$，且

$$f'(x) = 1 - x^{-\frac{1}{3}} = 1 - \frac{1}{\sqrt[3]{x}} = \frac{\sqrt[3]{x}-1}{\sqrt[3]{x}}$$

令 $f'(x) = 0$，解得 $x = 1$，且当 $x = 0$ 时 $f'(x)$ 不存在，列表 4.2.

表 4.2

x	$(-\infty, 0)$	0	$(0, 1)$	1	$(1, +\infty)$
$f'(x)$	+	不存在	−	0	+
$f(x)$	↗	极大值	↘	极小值	↗

由表 4.2 知，极大值 $f(0) = 0$，极小值 $f(1) = -0.5$.

当函数的驻点个数较多（且无导数不存在的点），采用上述的列表判别就显得不大方便. 若函数在驻点处二阶导数存在时，就可采用如下的判别定理.

定理 4.4（第二充分条件） 设函数 $f(x)$ 在 x_0 存在二阶导数，且 $f'(x_0) = 0$，$f''(x_0) \neq 0$.

(1) 若 $f''(x_0) > 0$，则 $f(x)$ 有极小值 $f(x_0)$；

(2) 若 $f''(x_0) < 0$，则 $f(x)$ 有极大值 $f(x_0)$.

证 (1) 因为 $f''(x_0) > 0$，由二阶导数定义有

$$f''(x_0) = \lim_{x \to x_0} \frac{f'(x) - f'(x_0)}{x - x_0} = \lim_{x \to x_0} \frac{f'(x)}{x - x_0} > 0$$

即存在点 x_0 的某个邻域，使在该邻域内恒有

$$\frac{f'(x)}{x - x_0} > 0 \qquad (x \neq x_0)$$

所以当 $x < x_0$ 时，$f'(x) < 0$；当 $x > x_0$ 时，$f'(x) > 0$. 由定理 4.3 可知 $f(x_0)$ 为极小值.

同理可证 (2).

注意：当 $f'(x_0) = 0$，$f''(x_0) = 0$ 时，x_0 可能是极值点，也可能不是极值点. 例如 $f(x) = 3x^3$，有 $f'(0) = f''(0) = 0$，但 $x = 0$ 不是极值点；而函数 $g(x) = x^4$，有 $f'(0) = f''(0) = 0$，由于 $f'(x)$ 在 $x = 0$ 的左侧和 $x = 0$ 的右侧异号，因此 $g(x)$ 在 $x = 0$ 处有极小值.

例 4.1.5 求函数 $y = x^3 - 3x^2 - 9x + 1$ 的极值.

解 由题意，有

$$f'(x) = 3x^2 - 6x - 9 = 3(x - 3)(x + 1)$$

$$f''(x) = 6x - 6 = 6(x - 1)$$

令 $f'(x) = 0$，得驻点 $x_1 = -1$，$x_2 = 3$，于是

$$f''(-1) = -12 < 0, \quad f''(3) = 12 > 0$$

则得 $f(-1) = 6$ 为极大值，$f(3) = -26$ 为极小值.

1. 求下列函数的单调区间：
   (1) $y = x - e^x$；
   (2) $f(x) = 2x^3 - 6x^2 - 18x + 7$；

   (3) $y = x + \sqrt{1-x}$；
   (4) $f(x) = x^5 + x^3 - 1$；

   (5) $f(x) = e^x + e^{-x}$；
   (6) $y = \dfrac{\ln x}{x}$.

2. 求下列函数的极值：
   (1) $f(x) = 2x^2 - 8x + 3$；
   (2) $f(x) = 2 - (x-1)^{\frac{2}{3}}$；

   (3) $f(x) = 2e^x + e^{-x}$；
   (4) $y = \dfrac{2x}{1+x^2}$；

   (5) $f(x) = x \ln x$；
   (6) $f(x) = (x-5)x^{\frac{2}{3}}$.

3. 利用二阶导数，判断下列函数的极值：
   (1) $f(x) = x^4 - 8x^2$；
   (2) $f(x) = 2x - \ln 4x$；

   (3) $f(x) = x^3 - 2x^2 + 1$；
   (4) $f(x) = 2x^3 - 9x^2 + 12x - 3$.

4. 设产品的总成本函数为 $C(x) = 100 + 0.02x^2$（元），则该产品在产量为 100 件时的平均成本是多少？边际成本又为多少？

4.2　曲线的凹向与拐点

　　上一节我们介绍了连续函数 $f(x)$ 在区间 (a, b) 内图像上升或下降的状况，以及函数 $f(x)$ 在某些点处所取的极值，但是还不能完全反映它的变化规律. 我们还要研究曲线的弯曲方向，以便对函数的图形变化有进一步的了解.

　　由图 4.7 可以看出，曲线位于其上每点切线的上方，曲线弯曲方向为上凹（或下凸）；由图 4.8 可以看出，曲线位于其上每点切线的下方，曲线的弯曲方向为下凹（或上凸）. 据此，给出如下的定义.

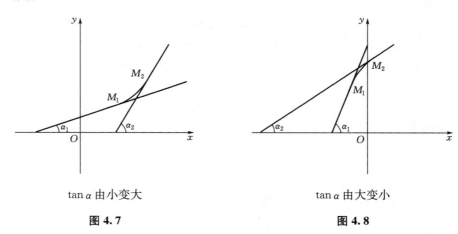

$\tan \alpha$ 由小变大　　　　　　　　　　　$\tan \alpha$ 由大变小

图 **4.7**　　　　　　　　　　　　　　图 **4.8**

　　定义 4.2　　如果在某区间内，曲线弧位于其上任意一点切线的上方，则称曲线在这个区间内是上凹的;如果在某区间内,曲线弧位于其上任意一点切线的下方,则称曲线在这个区间内是下凹的.

定理 4.5 设函数 $f(x)$ 在区间 (a,b) 内具有二阶导数,那么

(1) 如果 $x \in (a,b)$ 时,恒有 $f''(x) > 0$,则曲线 $y = f(x)$ 在 (a,b) 内上凹;

(2) 如果 $x \in (a,b)$ 时,恒有 $f''(x) < 0$,则曲线 $y = f(x)$ 在 (a,b) 内下凹.

如图 4.7,因为 $f''(x) > 0$ 时,$f'(x)$ 单调增加,即 $\tan \alpha$ 由小变大,曲线弧位于其上每一点的切线上方,可见曲线是上凹的;反之,若 $f''(x) < 0$ 时,$f'(x)$ 单调减少,即 $\tan \alpha$ 由大变小,曲线弧位于其上每一点的切线下放,可见曲线是下凹的.

例 4.2.1 讨论曲线 $y = \arctan x$ 的凹性.

解 $y' = \dfrac{1}{1+x^2}$,$y'' = -\dfrac{2x}{(1+x^2)^2}$

当 $x < 0$,$y'' > 0$,则曲线上凹;

当 $x > 0$,$y'' < 0$,则曲线下凹.

如图 4.9 所示.

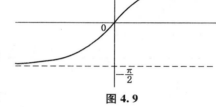

图 4.9

定义 4.3 曲线的上凹和下凹的分界点称为曲线的拐点.

例如:曲线 $y = \arctan x$ 在 $(-\infty, +\infty)$ 内上凹与下凹的分界点为原点 $(0,0)$.

拐点既然是上凹与下凹的分界点,所以在拐点左右邻近 $f''(x)$ 必然异号,因而在拐点处 $f''(x) = 0$ 或 $f''(x)$ 不存在.

例 4.2.2 确定曲线 $y = x^2 - x^3$ 的凹向和拐点.

解 $y' = 2x - 3x^2$,$y'' = 2 - 6x$,令 $y'' = 0$,得 $x = \dfrac{1}{3}$.

下面列表 4.3 说明曲线的凹向与拐点:

表 4.3

x	$\left(-\infty, \dfrac{1}{3}\right)$	$\dfrac{1}{3}$	$\left(\dfrac{1}{3}, +\infty\right)$
y''	$+$	0	$-$
y	上凹 $\smile$	拐点 $\left(\dfrac{1}{3}, \dfrac{2}{27}\right)$	下凹 $\frown$

从表 4.3 可见,曲线在区间 $\left(-\infty, \dfrac{1}{3}\right)$ 上凹,在区间 $\left(\dfrac{1}{3}, +\infty\right)$ 下凹,拐点为 $\left(\dfrac{1}{3}, \dfrac{2}{27}\right)$.

有两特殊情形要加以注意:

(1) 在点 x_0 处一阶导数存在而二阶导数不存在时,如果在点 x_0 左右邻边二阶导数存在且符号相反,则点 $(x_0, f(x_0))$ 是拐点;如果符号相同,则不是拐点.

(2) 在点 x_0 处函数连续,而一阶和二阶导数都不存在,如果在该点 x_0 的左右邻近二阶

导数存在且符号相反,则点$(x_0, f(x_0))$是拐点;如果符号相同,则不是拐点.

例 4.2.3 求曲线 $f(x) = 3 - (x-2)^{\frac{1}{3}}$ 的凹向及拐点.

解 求导数,得

$$f'(x) = -\frac{1}{3}(x-2)^{-\frac{2}{3}}$$

$$f''(x) = \frac{2}{9}(x-2)^{-\frac{5}{3}}$$

当 $x = 2$,$f''(x)$ 不存在.

下面列表 4.4 说明曲线的凹向与拐点.

表 4.4

x	$(-\infty, 2)$	2	$(2, +\infty)$
$f''(x)$	$-$	不存在	$+$
$f(x)$	下凹 $\frown$	拐点$(2, 3)$	上凹 $\smile$

习 题 4.2

1. 确定下列函数的凹向及拐点:

(1) $y = x + \dfrac{x}{x-1}$;

(2) $y = xe^{-x}$;

(3) $y = x^3 + 3x^2 - x - 1$;

(4) $y = 2 + (x-4)^{\frac{1}{3}}$.

2. 已知函数曲线 $y = ax^3 + bx^2 + cx$ 有拐点$(1, 2)$,且在拐点处有切线,其斜率为 -1,求 a, b, c.

4.3 函数的最值及其在经济学中的应用

在经济应用问题中,经常会遇到求最大值和最小值的问题,如企业在经营活动中往往希望用料最省,产量最高,成本最小,利润最大等等,这类问题在数学上可归结为求某个函数的最大值和最小值的问题.下面我们先介绍闭区间上的连续函数的最大值和最小值的求法,然后再介绍它在经济上的应用.

4.3.1 函数的最值

我们知道,函数 $f(x)$ 在闭区间$[a, b]$上连续,则 $f(x)$ 在$[a, b]$上必有最大值和最小值.函数的最值和极值是两个不同的概念,极值是局部性的概念,最值则是全局性的概念.最值可能在区间$[a, b]$的端点处取得,也可能在(a, b)内的点取得.因此:

(1) 在开区间(a, b)内某点取得最大值(或最小值),则必是函数的极大值(或极小值);

(2) 在闭区间$[a, b]$上严格单调增或严格单调减的连续函数的最大值和最小值都在端点处取得.

据此,求函数 $f(x)$ 在闭区间$[a, b]$上的最值的方法和步骤如下:

(1) 求 $f'(x)$,找出函数的全部驻点和导数不存在的点;

（2）计算出驻点、导数不存在的点以及两端点处的函数值；

（3）比较上面所求出的函数值，最大者即为最大值，最小者即为最小值.

例 4.3.1 求函数 $f(x) = x^5 - 5x^4 + 5x^3 + 1$ 在 $[-1, 2]$ 上的最值.

解 由题意，有

$$f'(x) = 5x^4 - 20x^3 + 15x^2 = 5x^2(x-1)(x-3)$$

令 $f'(x) = 0$，得驻点 $x_1 = 1$，$x_2 = 3$（舍去），$x_3 = 0$

由于 $x_1 = 1$，$x_3 = 0$ 在 $[-1, 2]$ 内，没有不可导点. 求出在驻点及区间端点处的函数值为

$$f(-1) = -10, \quad f(0) = 1, \quad f(1) = 2, \quad f(2) = -7$$

经比较可知，最小值 $f(-1) = -10$，最大值 $f(1) = 2$.

4.3.2 经济应用举例

（1）平均成本最小

例 4.3.2 已知某商品的成本函数为

$$C = C(Q) = 80 + \frac{Q^2}{5}$$

求：① 当 $Q = 10$ 时的总成本、平均成本及边际成本；

② 当产量 Q 为多少时，平均成本最小；

③ 最小平均成本.

解 ① 由

$$C = 80 + \frac{Q^2}{5}, \quad \overline{C} = \frac{80}{Q} + \frac{Q}{5}, \quad C' = \frac{2}{5}Q$$

当 $Q = 10$ 时，总成本 $C(10) = 100$，平均成本 $\overline{C} = 10$，边际成本为 $C'(10) = 4$.

② $\overline{C}' = -\frac{80}{Q^2} + \frac{1}{5}, \quad \overline{C}'' = \frac{160}{Q^3}$

令 $\overline{C}' = 0$，得 $Q = 20$，$\overline{C}''(20) > 0$，所以 $Q = 20$ 时，平均成本最小.

③ 平均成本最小值为

$$\overline{C}(20) = \frac{80}{20} + \frac{20}{5} = 8$$

当产量数 $Q = 20$ 时，此时边际成本

$$C'(Q) = \frac{2}{5} \times 20 = 8$$

故当边际成本等于平均成本时，平均成本最小，生产量最合理.

（2）利润最大化

设 $R(x)$ 表示总收入函数，$C(x)$ 表示总成本函数，L 为总利润，则

$$L = L(x) = R(x) - C(x)$$

$$L' = R'(x) - C'(x)$$

其中 $R'(x)$ 表示边际收益函数，$C'(x)$ 表示边际成本函数.

$L(x)$ 取得最大值的必要条件为

$$L'(x) = 0, \quad 即 \quad R'(x) = C'(x)$$

于是取得最大利润的必要条件是边际收益等于边际成本.

$L(x)$ 取得最大值的充分条件为

$$L''(x) < 0, \quad 即 \quad R''(x) < C''(x)$$

例 4.3.3 设某产品满足价格与需求函数 $P = 250 - 0.3q$，总成本函数为 $C(q) = 100q + 1\,800$（元），求当产量和价格分别是多少时，该产品的利润最大，并求最大利润？

解 由题意可知，总收入

$$R(q) = pq = 250q - 0.3q^2$$

利润函数

$$L(q) = R(q) - C(q) = 250q - 0.3q^2 - 100q - 1\,800$$
$$= -0.3q^2 + 150q - 1\,800$$
$$L'(q) = -0.6q + 150 = -0.6(q - 250)$$

令 $L'(q) = -0.6(q - 250) = 0$，得 $q = 250$.

当产量为 250 单位、价格为 175 元时，该产品的利润最大，最大利润为 16\,950 元.

（3）库存总费用最小

工厂（商店）都要预存原材料（货物），称为库存，这对保证生产或销售正常进行是十分必要的，但如果库存量过多，则会造成流动资金积压，而长期占用仓库，货物存放时间长不但使存费增加，还可能使货物变质造成浪费，因此合理控制库存十分必要. 而要合理控制库存，就是要寻求最经济的批量、最佳的批次，从而达到库存总费用最小.

例 4.3.4 企业分次定购全年生产所需要的原材料 2\,400 t，每次订货到达后，先存入仓库，然后陆续出库投入生产. 若每次订货要支付费用 60 元，每吨原材料一年的库存费为 3 元，每次订货多少，才能使全年内企业在存货上所花的费用最省？（设全年平均库存量为一次订货量的一半）

解 设每次订货 T t，所以全年订货的批数为 $2\,400/T$，订货费用为 $60 \times \dfrac{2\,400}{T}$ 元.

因平均库存量为 $\dfrac{T}{2}$，故库存费为 $\dfrac{3T}{2}$，因此库存总费用为

$$C = \frac{3T}{2} + 60 \times \frac{2\,400}{T}$$

$$C' = \frac{3}{2} - \frac{144\,000}{T^2}$$

令 $C' = 0$，解得 $T = 310$ t.

由于 $C'' = \dfrac{288\,000}{T^3} > 0$，则 C 在 $T_0 = 310$ t 取得极小值.

所以，每次订货 310 t，就能使得全年内企业在存货上所花的费用最省.

1. 求下列函数在给定区间上的最大值和最小值：

(1) $f(x) = x^3 - 3x + 3$，$[-3, 2]$；

(2) $f(x) = x^4 - 8x^2 + 2$，$[-1, 4]$；

(3) $y = x + 2\sqrt{x}$，$[0, 4]$；

(4) $f(x) = \sqrt{5 - 4x}$，$[-1, 1]$.

2. 欲做一个底为正方形,容积为 108 m³ 的长方体开口容器,怎样做所用材料最省?

3. 某工厂生产某种产品,总成本为 $C(x) = \dfrac{1}{9}x^2 + x + 100$(元),价格与需求函数满足 $x = 75 - 3p$, p 为产品单价(元),问每天生产多少件时,获取利润最大? 此时产品单价为多少元?

4. 某厂生产某种商品,其年销售量为 100 万件,每批生产需增加准备费 1 000 元,而每件的库存费为 0.05元. 如果年销售率是均匀的,且上批销售完后,立即再生产下一批(此时商品库存数为批量的一半),问应分几批生产,能使生产准备费及库存费之和最小?

4.4 变化率在经济学中的应用

前面所学的函数改变量与函数变化率是指绝对改变量与绝对变化率. 我们从实践中体会到,仅仅研究函数的绝对改变量与绝对变化率还是不够的. 例如,商品甲每单位价格 10 元,涨价 1 元,商品乙每单位价格 1 000 元,也涨价 1 元,但两者涨价的百分比却有很大的不同,商品甲涨了 10%,而商品乙涨了 0.1%. 因此,我们还有必要讨论函数的相对变化率.

4.4.1 弹性函数

定义 4.4 设函数 $y = f(x)$ 在点 x_0 处可导,$y_0 = f(x_0)$,函数的相对改变量为 $\dfrac{\Delta y}{y_0} = \dfrac{f(x_0 + \Delta x) - f(x_0)}{f(x_0)}$,自变量的相对变量为 $\dfrac{\Delta x}{x_0}$,它们之比 $\dfrac{\Delta y / y_0}{\Delta x / x_0}$ 称为函数 $f(x)$ 从 x_0 到 $x_0 + \Delta x$ 两点间的相对变化率或称两点间的弹性.

当 $\Delta x \to 0$ 时,若 $\lim\limits_{\Delta x \to 0} \dfrac{\Delta y / y_0}{\Delta x / x_0}$ 存在,则称此极限值为 $f(x)$ 在 x_0 处的相对变化率,或相对导数,又称为 $f(x)$ 在 x_0 处的点弹性,简称弹性. 记为

$$\left. \frac{Ey}{Ex} \right|_{x=x_0} = \lim_{\Delta x \to 0} \frac{\Delta y / y_0}{\Delta x / x_0} = \lim_{\Delta x \to 0} \frac{\Delta y}{\Delta x} \cdot \frac{x_0}{y_0} = f'(x_0) \cdot \frac{x_0}{y_0}$$

对于区间 (a, b) 内的 x,若 $f(x)$ 可导,则

$$\frac{Ey}{Ex} = f'(x) \cdot \frac{x}{y}$$

是 x 的函数,称之为函数 $y = f(x)$ 在区间 (a, b) 内的弹性函数.

函数 $y = f(x)$ 在点 x 的弹性 $\dfrac{Ey}{Ex}$ 反映了 $f(x)$ 对 x 的变化反应的强烈程度或灵敏度. 值 $\left. \dfrac{Ey}{Ex} \right|_{x=x_0}$ 表示在点 x_0 处,当 x 产生 1% 的改变时,引起 $f(x)$ 近似地改变 $\left. \dfrac{Ey}{Ex} \right|_{x=x_0}$ %. 在应用

问题中解释弹性的具体意义时,我们可略去"近似"二字.

例 4.4.1 求函数 $y = 2e^x$ 在 $x = 1$ 处的弹性.

解 所求弹性为

$$\frac{Ey}{Ex}\Big|_{x=1} = y'(1)\frac{1}{y(1)} = 1$$

例 4.4.2 求幂函数 $y = x^\alpha$(α 为常数)的弹性函数.

解 $y' = \alpha x^{\alpha-1}$,则

$$\frac{Ey}{Ex} = y'\frac{x}{y} = \alpha x^{\alpha-1}\frac{x}{x^\alpha} = \alpha$$

可以看出,幂函数的弹性函数为常数,即在任意点处弹性不变,所以称为不变弹性函数.

4.4.2 需求弹性

设需求函数为 $Q = f(P)$,一般说来,它是价格 P 的单调减函数,即随着价格 P 的增大,需求量 Q 减少,所以 ΔP 与 ΔQ 总是异号的,因而需求弹性函数

$$\frac{EQ}{EP} = f'(P)\cdot\frac{P}{Q}$$

的值总是负的. 它的经济意义是:当该商品的价格 P 上涨 1% 时,引起需求量 Q 减少 $|f'(P)|\dfrac{P}{Q}\%$. 需求弹性是刻画商品的需求量对价格变动反应的强弱程度.

例 4.4.3 设某商品需求函数为 $Q = P(8 - 3P)$,求:

(1) 需求弹性函数;

(2) 价格分别为 $P = \dfrac{14}{9}$、$\dfrac{16}{9}$、2(单位:元)时的需求弹性,并说明其经济意义.

解 (1) 需求弹性函数为

$$\frac{EQ}{EP} = Q'\cdot\frac{P}{Q} = P\cdot\frac{8-6P}{P(8-3P)} = \frac{8-6P}{8-3P}$$

(2) $\dfrac{EQ}{EP}\Big|_{P=\frac{14}{9}} = -0.4$,表明在 $\dfrac{14}{9}$ 元的价格水平下,价格增加 1% 时,该种商品的需求量将下降 0.4%;

$\dfrac{EQ}{EP}\Big|_{P=\frac{16}{9}} = -1$,表明在 $\dfrac{16}{9}$ 元的价格水平下,价格增加 1% 时,该种商品的需求量将下降 1%;

$\dfrac{EQ}{EP}\Big|_{P=2} = -2$,表明在 2 元的价格水平下,价格增加 1% 时,该种商品的需求量将下降 2%.

在经济学中,当 $\dfrac{EQ}{EP} < -1$ 时,称需求是弹性的,当 $-1 < \dfrac{EQ}{EP} < 0$ 时,称需求是低弹性的,而当 $\dfrac{EQ}{EP} = -1$,称需求是有单位弹性.

4.4.3 供给弹性

设供给函数 $Q = \varphi(P)$，一般说来，它是价格 P 的单调增函数，即随着价格的上涨，供给量将逐渐增加，此时 ΔP 与 ΔQ 同号，于是供给弹性函数

$$\frac{EQ}{EP} = \varphi'(P) \cdot \frac{P}{Q}$$

的值总是正数，它的经济意义是：当商品价格在 P 上涨 1% 时，引起供给量 Q 将上升 $\varphi'(P) \cdot \frac{P}{Q}\%$.

例 4.4.4 设某种商品的需求函数为 $Q = 10e^{-0.1P}$，Q 为需求量（件），P 为单价（元），求需求弹性函数及 $P = 5$ 时的需求弹性，并说明其经济意义.

解 需求弹性函数为

$$\frac{EQ}{EP} = Q' \cdot \frac{P}{Q} = -0.1 \cdot 10e^{-0.1P} \cdot \frac{P}{10e^{-0.1P}} = -0.1P$$

当 $P = 5$ 时的需求弹性为

$$\frac{EQ}{EP}\Big|_{P=5} = -0.5$$

其经济意义是当商品单价在 $P = 5$ 上涨 1% 时，引起需求量减少 0.5%.

习　题　4.4

1. 设某商品的需求函数为 $Q(P) = 60 - 2P^2$，求 $P = 4$，5，6 时的需求弹性.

2. 设某商品的供给函数 $Q = 5 + 2P$，求供给弹性函数及 $P = 4$ 时的供给弹性.

3. 设某商品需求量对价格 P 的函数为

$$Q = f(P) = 12 - \frac{P}{2}$$

(1) 求需求函数 Q 对于价格 P 的弹性函数；

(2) 求当 $P = 6$ 时的需求弹性，并说明其经济意义.

5 不定积分

灵感与数学思维

我国著名科学家钱学森说："灵感，也是人在科学或艺术创作中的高潮，是突然出现的、瞬时即逝的短暂思维过程。"数学灵感是人脑对数学问题的一种突发性的领悟。在解数学难题时，我们都曾有过类似的经历：尽管从多角度、多思路去进行求解，但仍不能奏效。正在"山重水复疑无路"时，突然茅塞顿开，从而创造了"柳暗花明又一村"的境界。

数学思维中灵感的出现，如夜空中突然划过的流星，它也是人类智慧的火花，如不及时记录下来，也会丢失殆尽，机不再来。

举法国数学家笛卡儿为例，他的解析几何学的创立，就是由于灵感而引发的。事情是这样的：当时的笛卡儿，早就有把各自独立的代数学和几何学融合为一体的想法，可是经过长时间的探索，仍然入地无门。他苦苦思索，孜孜以求，即使在行军途中，也仍未放弃思考。1619年11月9日这一天，这是一个值得纪念的日子。这一天，他随军进驻到多瑙河畔的一个叫做诺伊堡的地方，由于几天来的行军劳累，加之他又整天沉恋于他那数学王国中的问题而不能自拔，所以身心非常疲惫，入睡后，他连续做了几个梦，梦中隐隐约约地想到了要引入所谓"直角坐标系"的解决方法等等。第二天清晨醒来后，他立即将梦中所得加以整理，从而启发他在此基础上创造了解析几何学。几年来的苦思冥想未获成果，而一梦却圆了他的理想，笛卡儿终于获得成功。

被称为数学王子的德国数学家高斯为证明某一数学定理，曾苦思冥想达两年之久，后来一个偶然的机会，突然得到一个想法，顿时茅塞顿开，他因此获得成功。高斯后来回忆说："终于在两天前我成功了，……像闪电一样，谜团一下子解开了。我自己也说不清楚是什么导线把我原先的知识和我成功的东西连接起来了。"

高斯的例子同样说明：尽管解开这个谜团的灵感是突发的，但如果没有高斯长达两年的艰苦探索和执著追求，这个灵感恐怕也是不会轻易到来的。

同样的例子，也会发生在我们身上，一道微分或积分题，怎么解也解不出来，急得满头大汗，可是出去转一圈，或者事隔两天，在不经意间脑子突然一闪，眼睛一亮，解题的方法有了，题目也就被做出来了。

分析专家认为，灵感不能靠偶然的机遇、守株待兔式的消极等待而得，必须是执著追求、锲而不舍、百折不挠，才能有成功的一天。所谓"触景生情""灵机一动""眉头一皱、计上心来"，都是经过长期坚持不懈地创造性劳动而"偶然得之"的。所以 巴斯加说："机遇只偏爱有准备的头脑。"这一语道出了此中的真谛。

前面几章中，我们以极限为工具，讨论了一元函数的微分学，其主要内容为求一个已知函数的导数。如已知成本函数，求边际成本函数；已知路程函数，求速度函数等。但在许多实际问题中,往往需要研究其相反的问题,即已知的函数为某个未知函数的导数,求这个未知函数.本章中,我们将简单讨论这方面的问题.

5.1 不定积分的概念

5.1.1 原函数

例 5.1.1 已知某产品的固定成本为 10 000 元,如果以 x 表示产量,边际成本可表示为

$$C'(x) = 4x + 5$$

求总成本函数 $C(x)$.

解 由于边际成本为总成本的导数,即

$$\frac{\mathrm{d}C(x)}{\mathrm{d}x} = C'(x) = 4x + 5$$

由导数公式与求导法则可知

$$C(x) = 2x^2 + 5x + C$$

因固定成本为 10 000(元),可得 $C = 10\,000$,所以,总成本函数为

$$C(x) = 2x^2 + 5x + 10\,000$$

例 5.1.2 已知从静止开始的自由落体在下落时间为 t 时的运动速度为 $v(t) = gt$,g 为重力加速度,求自由落体的运动规律,即下落距离 s 对下落时间 t 的函数关系 $s = s(t)$.

解 取落体初始位置为坐标原点,竖直向下方向为 s 轴的正向,则由导数可知

$$\frac{\mathrm{d}s}{\mathrm{d}t} = v(t) = gt \quad 且有 \quad s(0) = 0$$

由导数知识不难求出

$$s(t) = \frac{1}{2}gt^2 + C$$

由 $s(0) = 0$ 可求出 $C = 0$.这样,运动规律为

$$s(t) = \frac{1}{2}gt^2$$

以上两例都是已知某函数的导数求函数本身的问题.下面引入原函数的概念.

定义 5.1(原函数) 设函数 $f(x)$ 在某区间 I 内有定义,如果在区间 I 内存在函数 $F(x)$,使得 $F'(x) = f(x)$,称 $F(x)$ 为 $f(x)$ 的原函数.

例 5.1.3 求 $f(x) = x^2$ 在 **R** 上的一个原函数.

解 因为 $\left(\frac{1}{3}x^3\right)' = x^2$,所以 $\frac{1}{3}x^3$ 即为所求.故有

$$\left(\frac{1}{3}x^3 + C\right)' = x^2$$

说明 $\frac{1}{3}x^3 + C$ 也为 x^2 的原函数.

一般地,若 $F(x)$ 为 $f(x)$ 的一个原函数,则 $F(x) + C$ 也为 $f(x)$ 的原函数,并且由 C 的任意性,$F(x) + C$ 表达了 $f(x)$ 所有的原函数. 至于什么样的函数才有原函数,这里只给出一个结论:若在区间内连续,则一定存在原函数.

5.1.2　不定积分

定义 5.2(不定积分)　若 $f(x)$ 在区间 I 上连续,则所有的原函数 $\{F(x) \mid F'(x) = f(x)\}$ 称为不定积分,记为

$$\int f(x)\mathrm{d}x$$

即

$$\int f(x)\mathrm{d}x = F(x) + C$$

这里,$\int$ 为积分符号,$f(x)$ 为被积函数,x 为积分变量,$f(x)\mathrm{d}x$ 为被积表达式,C 为积分常数.

例 5.1.4　求不定积分 $\int \mathrm{e}^x\,\mathrm{d}x$.

解　因为 $(\mathrm{e}^x)' = \mathrm{e}^x$,故

$$\int \mathrm{e}^x\,\mathrm{d}x = \mathrm{e}^x + C$$

例 5.1.5　求过点 $A(-1, 4)$ 且其上任一点处切线的斜率为 $3x^2$ 的曲线方程.

解　设所求曲线方程为 $y = f(x)$,其切线斜率 $f'(x) = 3x^2$,两边积分,得

$$f(x) = \int f'(x)\mathrm{d}x = \int 3x^2\mathrm{d}x = x^3 + C$$

得到曲线族 $f(x) = x^3 + C$,其切线上任意一点处斜率为 $3x^2$,由 C 的任意性可知,它表示由曲线 $y = x^2$ 沿 y 轴方向上下任意平移而得,表示了不定积分的几何意义.

本题中,有过点 $(-1, 4)$ 的条件,故所求曲线为

$$y = x^3 + 5$$

5.2　不定积分的性质与基本积分公式

5.2.1　不定积分的性质

根据不定积分的定义,在区间 I 上,若 $F'(x) = f(x)$,则

$$\int f(x)\mathrm{d}x = F(x) + C$$

立即可以得到以下性质:

(1) $\int f'(x)\mathrm{d}x = f(x) + C$　或　$\int \mathrm{d}f(x) = f(x) + C$.

(2) $\left[\int f(x)\mathrm{d}x\right]' = f(x)$　或　$\mathrm{d}\int f(x)\mathrm{d}x = f(x)\mathrm{d}x$.

以上两条说明求不定积分与求导互为逆运算,但要注意积分常数.

(3) 两个函数和的不定积分等于各自不定积分的和,即

$$\int [f(x) + g(x)] \mathrm{d}x = \int f(x) \mathrm{d}x + \int g(x) \mathrm{d}x$$

证　由

$$\left(\int f(x) \mathrm{d}x + \int g(x) \mathrm{d}x \right)' = \left(\int f(x) \mathrm{d}x \right)' + \left(\int g(x) \mathrm{d}x \right)'$$
$$= f(x) + g(x)$$

立即可得结论. 同时,显然可推出:

① $\int (f(x) - g(x)) \mathrm{d}x = \int f(x) \mathrm{d}x - \int g(x) \mathrm{d}x$;

② $\int \sum\limits_{i=1}^{n} f_i(x) \mathrm{d}x = \sum\limits_{i=1}^{n} \int f_i(x) \mathrm{d}x$.

(4) 被积函数中的常数可以提到积分号前面,即

$$\int k f(x) \mathrm{d}x = k \int f(x) \mathrm{d}x$$

(证明从略)

例 5.2.1　设 $\int f(x) \mathrm{d}x = \mathrm{e}^x \cos 2x + C$,求 $f(x)$.

解　根据性质,有

$$f(x) = (\mathrm{e}^x \cos 2x + C)' = (\mathrm{e}^x \cos 2x)' = \mathrm{e}^x (\cos 2x - 2\sin 2x)$$

5.2.2　基本积分公式

由于求不定积分与求导互为逆运算,因此,由导数公式立即可得到下面的基本积分公式.

(1) $\int x^\alpha \mathrm{d}x = \dfrac{1}{1+\alpha} x^{1+\alpha} + C \quad (\alpha \neq -1)$;

(2) $\int \dfrac{1}{x} \mathrm{d}x = \ln |x| + C$;

(3) $\int a^x \mathrm{d}x = \dfrac{1}{\ln a} a^x + C$;

特别地,$\int \mathrm{e}^x \mathrm{d}x = \mathrm{e}^x + C$;

(4) $\int \sin x \mathrm{d}x = -\cos x + C$;

(5) $\int \cos x \mathrm{d}x = \sin x + C$;

(6) $\int \sec^2 x \, \mathrm{d}x = \tan x + C$;

(7) $\int \csc^2 x \, \mathrm{d}x = -\cot x + C$;

(8) $\int \sec x \tan x \, \mathrm{d}x = \sec x + C$;

(9) $\int \csc x \cot x \, \mathrm{d}x = -\csc x + C$;

(10) $\int \dfrac{1}{\sqrt{1-x^2}} \mathrm{d}x = \arcsin x + C$;

(11) $\int \dfrac{1}{1+x^2} \mathrm{d}x = \arctan x + C$.

利用不定积分公式和积分性质,可以计算一些简单的不定积分.

例 5.2.2 求不定积分:

(1) $\int (2\sin x - \sqrt{x}) \mathrm{d}x$; (2) $\int \dfrac{(1-x)^2}{x} \mathrm{d}x$; (3) $\int x^3 \sqrt{x} \, \mathrm{d}x$.

解 (1) $\int (2\sin x - \sqrt{x}) \mathrm{d}x = 2\int \sin x \, \mathrm{d}x - \int x^{\frac{1}{2}} \, \mathrm{d}x$

$$= 2\cos x + \frac{2}{3} x^{\frac{3}{2}} + C$$

(2) $\int \dfrac{(1-x)^2}{x} \mathrm{d}x = \int \dfrac{1-2x+x^2}{x} \mathrm{d}x$

$$= \int \frac{1}{x} \mathrm{d}x - 2\int \mathrm{d}x + \int x \, \mathrm{d}x$$

$$= \ln |x| - 2x + \frac{1}{2} x^2 + C$$

(3) $\int x^3 \sqrt{x} \, \mathrm{d}x = \int x^{\frac{7}{2}} \, \mathrm{d}x = \dfrac{2}{9} x^{\frac{9}{2}} + C$

5.3 不定积分法一:直接积分法

利用代数方法(或三角恒等变换)将被积函数变换成若干项之和,使每一项的积分都能从积分公式中找到,从而求出不定积分.

例 5.3.1 求不定积分 $\int \dfrac{2x^2+1}{x^2(1+x^2)} \mathrm{d}x$.

解 因为

$$\frac{2x^2+1}{x^2(1+x^2)} = \frac{1}{1+x^2} + \frac{1}{x^2}$$

所以

$$\int \frac{2x^2+1}{x^2(1+x^2)}\mathrm{d}x = \int \frac{1}{1+x^2}\mathrm{d}x + \int \frac{1}{x^2}\mathrm{d}x$$

$$= \arctan x - \frac{1}{x} + C$$

例 5.3.2 求不定积分 $\displaystyle\int \frac{1-x^2}{1+x^2}\mathrm{d}x$.

解 因为

$$\frac{1-x^2}{1+x^2} = -1 + \frac{2}{1+x^2}$$

所以

$$\int \frac{1-x^2}{1+x^2}\mathrm{d}x = -\int \mathrm{d}x + 2\int \frac{1}{1+x^2}\mathrm{d}x$$

$$= -x + 2\arctan x + C$$

例 5.3.3 求不定积分 $\displaystyle\int \tan^2 x\,\mathrm{d}x$.

解
$$\int \tan^2 x\,\mathrm{d}x = \int (\sec^2 x - 1)\mathrm{d}x$$

$$= \int \sec^2 x\,\mathrm{d}x - \int \mathrm{d}x$$

$$= \tan x - x + C$$

例 5.3.4 求不定积分 $\displaystyle\int \frac{1}{\sin^2 x \cos^2 x}\mathrm{d}x$.

解
$$\int \frac{\mathrm{d}x}{\sin^2 x \cos^2 x} = \int \frac{\sin^2 x + \cos^2 x}{\sin^2 x \cos^2 x}\mathrm{d}x$$

$$= \int \frac{1}{\cos^2 x}\mathrm{d}x + \int \frac{1}{\sin^2 x}\mathrm{d}x$$

$$= \int \sec^2 x\,\mathrm{d}x + \int \csc^2 x\,\mathrm{d}x$$

$$= \tan x + \cot x + C$$

例 5.3.5 求不定积分

$$I_1 = \int \frac{x\mathrm{e}^x}{(1+x)^2}\mathrm{d}x \quad 和 \quad I_2 = \int \frac{x+\sin x}{1+\cos x}\mathrm{d}x$$

解 因为

$$\frac{x\mathrm{e}^x}{(1+x)^2} = \frac{(x+1)\mathrm{e}^x - \mathrm{e}^x}{(1+x)^2} = \frac{(x+1)(\mathrm{e}^x)' - (1+x)'\mathrm{e}^x}{(1+x)^2} = \left(\frac{\mathrm{e}^x}{1+x}\right)'$$

所以

$$I_1 = \int \frac{x\mathrm{e}^x}{(1+x)^2}\mathrm{d}x = \int \left(\frac{\mathrm{e}^x}{1+x}\right)'\mathrm{d}x = \frac{\mathrm{e}^x}{1+x} + C$$

同理：

$$\frac{x+\sin x}{1+\cos x}=\frac{x+\sin x}{2\cos^2 \dfrac{x}{2}}=\frac{1}{2}x\sec^2\frac{x}{2}+\tan\frac{x}{2}\quad\left(\sin x=2\sin\frac{x}{2}\cos\frac{x}{2}\right)$$

$$=x\left(\tan\frac{x}{2}\right)'+x'\tan\frac{x}{2}=\left(x\tan\frac{x}{2}\right)'$$

故有

$$I_2=\int\frac{x+\sin x}{1+\cos x}\mathrm{d}x=\int\left(x\tan\frac{x}{2}\right)'\mathrm{d}x=x\tan\frac{x}{2}+C$$

5.4 不定积分法二：换元积分法

直接利用积分公式解决的不定积分毕竟非常有限,因此,必须进一步研究求不定积分的方法.本节介绍的换元法是最重要、最基本的积分法,希望同学们重视.

5.4.1 第一类换元法（凑微分法）

先举一个例子：计算不定积分 $I=\int 2\mathrm{e}^{2x}\mathrm{d}x$.

公式中只有 $\int \mathrm{e}^x\,\mathrm{d}x=\mathrm{e}^x+C$,因此,不能直接利用.如果强行套用,即

$$\int 2\mathrm{e}^{2x}\mathrm{d}x=2\mathrm{e}^{2x}+C$$

这显然是错误的.因为

$$(2\mathrm{e}^{2x})'=4\mathrm{e}^{2x}\neq 2\mathrm{e}^{2x}$$

事实上,可以这样处理：

$$\int 2\mathrm{e}^{2x}\mathrm{d}x=\int \mathrm{e}^{2x}\mathrm{d}(2x)=\mathrm{e}^{2x}+C$$

定理 5.1 设 $f(u)$,$\varphi(x)$ 均为连续函数,若 $\int f(u)\mathrm{d}u=F(u)+C$,则有

$$\int f(\varphi(x))\varphi'(x)\mathrm{d}x=F(\varphi(x))+C$$

证 因为 $\int f(u)\mathrm{d}u=F(u)+C$,表明 $F(x)$ 为 $f(x)$ 的一个原函数,故有

$$\frac{\mathrm{d}F(\varphi(x))}{\mathrm{d}x}=\frac{\mathrm{d}F(\varphi(x))}{\mathrm{d}\varphi(x)}\cdot\frac{\mathrm{d}\varphi(x)}{\mathrm{d}x}$$

$$=F'(u)\varphi'(x)\qquad(\varphi(x)=u)$$

$$=f(\varphi(x))\varphi'(x)$$

说明 $F(\varphi(x))$ 是 $f(\varphi(x))\varphi'(x)$ 的一个原函数,故有

$$\int f(\varphi(x))\varphi'(x)\mathrm{d}x = F(\varphi(x)) + C$$

得证.

刚才的例子可以写为

$$\int 2\mathrm{e}^{2x}\mathrm{d}x = \int \mathrm{e}^{2x}(2x)'\mathrm{d}x \xrightarrow{u=2x} \int \mathrm{e}^u \mathrm{d}u = \mathrm{e}^u + C = \mathrm{e}^{2x} + C$$

例 5.4.1 求下列不定积分：

(1) $I_1 = \int (2x-1)^3 \mathrm{d}x$;

(2) $I_2 = \int 2x\mathrm{e}^{x^2}\mathrm{d}x$;

(3) $I_3 = \int \tan x\, \mathrm{d}x$;

(4) $I_4 = \int \dfrac{1}{\sqrt{x}(1+x)}\mathrm{d}x.$

解　(1) $I_1 = \int (2x-1)^3 \mathrm{d}x$

$$= \frac{1}{2}\int (2x-1)^3 \mathrm{d}(2x-1)$$

$$= \frac{1}{2}\int u^3 \mathrm{d}u \qquad (u = 2x-1)$$

$$= \frac{1}{8}u^4 + C$$

$$= \frac{1}{8}(2x-1)^4 + C$$

(2) $I_2 = \int 2x\mathrm{e}^{x^2}\mathrm{d}x$

$$= \int \mathrm{e}^{x^2}\mathrm{d}x^2$$

$$= \int \mathrm{e}^u \mathrm{d}u \qquad (u = x^2)$$

$$= \mathrm{e}^u + C$$

$$= \mathrm{e}^{x^2} + C$$

(3) $I_3 = \int \tan x\, \mathrm{d}x = \int \dfrac{\sin x}{\cos x}\mathrm{d}x$

$$= -\int \frac{1}{\cos x}\mathrm{d}(\cos x)$$

$$= -\int \frac{1}{u}\mathrm{d}u = -\ln|u| + C \qquad (u = \cos x)$$

$$= -\ln|\cos x| + C$$

(4) $I_4 = \int \dfrac{1}{\sqrt{x}(1+x)}\mathrm{d}x$

$$= 2 \int \frac{1}{1+(\sqrt{x})^2} \mathrm{d}\sqrt{x}$$

$$= 2 \int \frac{1}{1+u^2} \mathrm{d}u \qquad (u = \sqrt{x})$$

$$= 2\arctan u + C$$

$$= 2\arctan \sqrt{x} + C$$

当计算比较熟悉以后,不必写出中间变量 u,而使计算过程简单明了.

例 5.4.2 求解下列不定积分:

(1) $I_1 = \int \dfrac{\mathrm{e}^x}{1+\mathrm{e}^x} \mathrm{d}x$;

(2) $I_2 = \int \dfrac{\arctan x}{1+x^2} \mathrm{d}x$;

(3) $I_3 = \int \mathrm{e}^{-5x} \mathrm{d}x$;

(4) $I_4 = \int \sqrt{2-3x}\,\mathrm{d}x$.

解 (1) $I_1 = \int \dfrac{\mathrm{e}^x}{1+\mathrm{e}^x} \mathrm{d}x = \int \dfrac{\mathrm{d}\mathrm{e}^x}{1+\mathrm{e}^x}$

$$= \int \frac{\mathrm{d}(1+\mathrm{e}^x)}{1+\mathrm{e}^x} = \ln(1+\mathrm{e}^x) + C$$

(2) $I_2 = \int \dfrac{\arctan x}{1+x^2} \mathrm{d}x$

$$= \int \arctan x\, \mathrm{d}(\arctan x)$$

$$= \frac{1}{2}(\arctan x)^2 + C$$

(3) $I_3 = \int \mathrm{e}^{-5x} \mathrm{d}x$

$$= -\frac{1}{5} \int \mathrm{e}^{-5x} \mathrm{d}(-5x)$$

$$= -\frac{1}{5} \mathrm{e}^{-5x} + C$$

(4) $I_4 = \int \sqrt{2-3x}\,\mathrm{d}x$

$$= -\frac{1}{3} \int (2-3x)^{\frac{1}{2}} \mathrm{d}(2-3x)$$

$$= -\frac{2}{9}(2-3x)^{\frac{3}{2}} + C$$

例 5.4.3 求下列不定积分:

(1) $I_1 = \int \dfrac{\mathrm{e}^{\frac{1}{x}}}{x^2} \mathrm{d}x$;

(2) $I_2 = \int \dfrac{x}{\sqrt{1-x^2}} \mathrm{d}x$;

(3) $I_3 = \int \dfrac{1}{x\sqrt{1+\ln x}} \mathrm{d}x$;

(4) $I_4 = \int \dfrac{1}{1+\mathrm{e}^x} \mathrm{d}x$.

解 (1) $I_1 = \int \dfrac{e^{\frac{1}{x}}}{x^2} dx$

$$= -\int e^{\frac{1}{x}} d\left(\dfrac{1}{x}\right)$$

$$= -e^{\frac{1}{x}} + C$$

(2) $I_2 = \int \dfrac{x}{\sqrt{1-x^2}} dx$

$$= \dfrac{1}{2} \int \dfrac{dx^2}{\sqrt{1-x^2}}$$

$$= -\dfrac{1}{2} \int (1-x^2)^{-\frac{1}{2}} d(1-x^2)$$

$$= -\sqrt{1-x^2} + C$$

(3) $I_3 = \int \dfrac{1}{x\sqrt{1+\ln x}} dx$

$$= \int \dfrac{1}{\sqrt{1+\ln x}} d\ln x$$

$$= \int (1+\ln x)^{-\frac{1}{2}} d(1+\ln x)$$

$$= 2\sqrt{1+\ln x} + C$$

(4) $I_4 = \int \dfrac{1}{1+e^x} dx$

$$= -\int \dfrac{e^{-x}}{e^{-x}+1} d(-x)$$

$$= -\int \dfrac{1}{e^{-x}+1} d(1+e^{-x})$$

$$= -\ln(e^{-x}+1) + C$$

例 5.4.4 求下列不定积分：

(1) $I_1 = \int \cos x \sin^3 x \, dx$;

(2) $I_2 = \int \cos^3 x \, dx$;

(3) $I_3 = \int \cos 2x \, dx$;

(4) $I_4 = \int \sin^2 x \, dx$.

解 (1) $I_1 = \int \cos x \sin^3 x \, dx$

$$= \int (\sin x)^3 d\sin x$$

$$= \dfrac{1}{4} \sin^4 x + C$$

(2) $I_2 = \int \cos^3 x \, \mathrm{d}x$

$\qquad = \int \cos x (1 - \sin^2 x) \, \mathrm{d}x$

$\qquad = \int (1 - \sin^2 x) \mathrm{d}\sin x$

$\qquad = \sin x - \dfrac{1}{3} \sin^3 x + C$

(3) $I_3 = \int \cos 2x \, \mathrm{d}x$

$\qquad = \dfrac{1}{2} \int \cos 2x \mathrm{d}(2x)$

$\qquad = \dfrac{1}{2} \sin 2x + C$

(4) $I_4 = \int \sin^2 x \, \mathrm{d}x$

$\qquad = \int \dfrac{1 - \cos 2x}{2} \mathrm{d}x$

$\qquad = \dfrac{1}{2} x - \dfrac{1}{2} \cdot \dfrac{1}{2} \int \cos 2x \, \mathrm{d}(2x)$

$\qquad = \dfrac{1}{2} x - \dfrac{1}{4} \sin 2x + C$

利用第一类换元法求不定积分时,常见的凑微分有以下几类:

(1) $\displaystyle\int f(ax + b) \mathrm{d}x = \dfrac{1}{a} \int f(u) \mathrm{d}u \qquad (a \neq 0, \ u = ax + b)$;

(2) $\displaystyle\int f(ax^b + c) x^{b-1} \mathrm{d}x = \dfrac{1}{ab} \int f(u) \mathrm{d}u \qquad (ab \neq 0, \ u = ax^b + c)$;

(3) $\displaystyle\int f(\ln x) \dfrac{1}{x} \mathrm{d}x = \int f(u) \mathrm{d}u \qquad (u = \ln x)$;

(4) $\displaystyle\int f(\mathrm{e}^x) \mathrm{e}^x \, \mathrm{d}x = \int f(u) \mathrm{d}u \qquad (u = \mathrm{e}^x)$;

(5) $\displaystyle\int f(\sin x) \cos x \, \mathrm{d}x = \int f(u) \mathrm{d}u \qquad (u = \sin x)$;

(6) $\displaystyle\int f(\cos x) \sin x \, \mathrm{d}x = - \int f(u) \mathrm{d}u \qquad (u = \cos x)$;

(7) $\displaystyle\int f(\tan x) \sec^2 x \, \mathrm{d}x = \int f(u) \mathrm{d}u \qquad (u = \tan x)$;

(8) $\displaystyle\int f(\cot x) \csc^2 x \, \mathrm{d}x = - \int f(u) \mathrm{d}u \qquad (u = \cot x)$.

这些内容不必死记硬背,需要通过做一定数量的习题去体会,逐步找出其规律性.

例 5.4.5 求下列不定积分:

(1) $I_1 = \displaystyle\int \dfrac{1}{x^2 - 1} \mathrm{d}x$; $\qquad\qquad\qquad$ (2) $I_2 = \displaystyle\int \dfrac{1}{x^2 + 2x + 2} \mathrm{d}x$;

(3) $I_3 = \int \dfrac{2x-3}{x^2-3x+1} \mathrm{d}x$;   (4) $I_4 = \int \dfrac{\cos(\sqrt{x}+2)}{\sqrt{x}} \mathrm{d}x$.

解　(1) $I_1 = \int \dfrac{1}{x^2-1} \mathrm{d}x$

$$= \frac{1}{2} \int \left(\frac{1}{x-1} - \frac{1}{x+1} \right) \mathrm{d}x$$

$$= \frac{1}{2} \int \frac{1}{x-1} \mathrm{d}(x-1) - \frac{1}{2} \int \frac{1}{x+1} \mathrm{d}(x+1)$$

$$= \frac{1}{2} \ln \mid x-1 \mid - \frac{1}{2} \ln \mid x+1 \mid + C$$

$$= \frac{1}{2} \ln \frac{\mid x-1 \mid}{\mid x+1 \mid} + C$$

(2) $I_2 = \int \dfrac{1}{x^2+2x+2} \mathrm{d}x$

$$= \int \frac{1}{1+(x+1)^2} \mathrm{d}(x+1)$$

$$= \arctan(x+1) + C$$

(3) $I_3 = \int \dfrac{2x-3}{x^2-3x+1} \mathrm{d}x$

$$= \int \frac{1}{x^2-3x+1} \mathrm{d}(x^2-3x+1)$$

$$= \ln \mid x^2-3x+1 \mid + C$$

(4) $I_4 = \int \dfrac{\cos(\sqrt{x}+2)}{\sqrt{x}} \mathrm{d}x$

$$= 2 \int \cos(\sqrt{x}+2) \mathrm{d}(\sqrt{x})$$

$$= 2 \int \cos(\sqrt{x}+2) \mathrm{d}(\sqrt{x}+2)$$

$$= 2 \sin(\sqrt{x}+2) + C$$

例 5.4.6　求连续函数 $F(x)$,已知 $F(x) = \int f(x) \mathrm{d}x$,其中

$$f(x) = \begin{cases} 2x & (x \in (0, 1)) \\ 0 & (x \notin (0, 1)) \end{cases}$$

解　当 $x \leqslant 0$ 时,$F(x) = \int 0 \mathrm{d}x = C_1$;

当 $0 < x < 1$ 时, $F(x) = \int 2x \, \mathrm{d}x = x^2 + C$;

当 $x \geqslant 1$ 时, $F(x) = \int 0 \mathrm{d}x = C_2$.

由 $F(x)$ 的连续性,可知 $C_1 = C = C_2 - 1$,则

$$F(x) = \begin{cases} C & (x \leqslant 0) \\ x^2 + C & (0 < x < 1) \\ 1 + C & (x \geqslant 1) \end{cases}$$

如果再给 $F(x)$ 一定的条件,$f(x)$ 和 $F(x)$ 就可作为概率论中密度函数和分布函数.

5.4.2　第二类换元积分法

第一类换元积分法(复合函数求导的逆运算)尽管相当有用,但是对某些积分(特别是被积函数中含有根式的积分)却无能为力,如

$$\int \sqrt{a^2 - x^2}\, \mathrm{d}x, \quad \int \frac{1}{\sqrt{a^2 + x^2}}\mathrm{d}x, \quad \int \frac{1}{\sqrt{x} + \sqrt[3]{x}}\mathrm{d}x$$

等,第二类换元积分法却能有效地求解决这类积分.

定理 5.2　设 $f(x)$,$\varphi(t)$ 均为连续函数,且 $\varphi(t)$ 有单值反函数 $t = \varphi^{-1}(x)$,$\varphi(t)$ 可导且 $\varphi'(t) \neq 0$,则有

$$\int f(x)\mathrm{d}x \xrightarrow[\mathrm{d}x = \varphi'(t)\mathrm{d}t]{x = \varphi(t)} \int f(\varphi(t))\varphi'(t)\mathrm{d}t = \int f_1(t)\mathrm{d}t$$
$$= F_1(t) + C = F_1(\varphi^{-1}(x)) + C$$
$$= F(x) + C$$

(证明略)

第二类换元积分法常用来处理无理积分,常用的变换有

(1) 被积函数中出现 $\sqrt{ax + b}$ 时,令 $t = \sqrt{ax + b}$;

(2) 被积函数中出现 $\sqrt{a^2 - x^2}$ 时,令 $x = a\sin t$;

(3) 被积函数中出现 $\sqrt{a^2 + x^2}$ 时,令 $x = a\tan t$;

(4) 被积函数中出现 $\sqrt{x^2 - a^2}$ 时,令 $x = a\sec t$.

例 5.4.7　求解下列不定积分:

(1) $\displaystyle\int \frac{\sqrt{x-1}}{x}\mathrm{d}x$;　　　　　　　　　　(2) $\displaystyle\int \frac{1}{1 + \sqrt[3]{x}}\mathrm{d}x$.

解　(1) $\displaystyle\int \frac{\sqrt{x-1}}{x}\mathrm{d}x \xrightarrow[\mathrm{d}x = 2t\mathrm{d}t]{x = t^2 + 1} \int \frac{t}{t^2 + 1}2t\mathrm{d}t$

$$= 2\int \frac{(t^2 + 1) - 1}{1 + t^2}\mathrm{d}t$$

$$= 2\int \left(1 - \frac{1}{1 + t^2}\right)\mathrm{d}t$$

$$= 2(t - \arctan t) + C$$

$$= 2(\sqrt{x-1} - \arctan\sqrt{x-1}) + C$$

(2) $\displaystyle\int \frac{1}{1+\sqrt[3]{x}}\mathrm{d}x \xlongequal[\mathrm{d}x = 3t^2\mathrm{d}t]{x = t^3} \int \frac{1}{1+t} \cdot 3t^2\mathrm{d}t$

$$= 3\int \frac{(t^2-1)+1}{1+t}\mathrm{d}t$$

$$= 3\int \left(t-1+\frac{1}{1+t}\right)\mathrm{d}t$$

$$= 3\left(\frac{1}{2}t^2 - t + \ln|1+t|\right) + C$$

$$= 3\left(\frac{1}{2}\sqrt[3]{x^2} - \sqrt[3]{x} + \ln|1+\sqrt[3]{x}|\right) + C$$

例 5.4.8　求 $\displaystyle\int \frac{1}{x\sqrt{1-x^2}}\mathrm{d}x.$

解　$\displaystyle\int \frac{1}{x\sqrt{1-x^2}}\mathrm{d}x \xlongequal[\mathrm{d}x = \cos t\mathrm{d}t]{x = \sin t} \int \frac{1}{\sin t\cos t} \cdot \cos t\mathrm{d}t$

$$= \int \csc t\mathrm{d}t$$

$$= \ln|\csc t - \cot t| + C$$

$$= \ln\left|\frac{1}{x} - \frac{\sqrt{1-x^2}}{x}\right| + C$$

例 5.4.9　求 $\displaystyle\int \frac{1}{\sqrt{x^2+a^2}}\mathrm{d}x\ (a > 0).$

解　$\displaystyle\int \frac{1}{\sqrt{x^2+a^2}}\mathrm{d}x \xlongequal[\mathrm{d}x = a\sec^2 t\mathrm{d}t]{x = a\tan t} \int \frac{1}{a\sec t}a\sec^2 t\mathrm{d}t$

$$= \int \sec t\mathrm{d}t$$

$$= \ln|\sec t + \tan t| + C_1$$

$$= \ln\left|\frac{x+\sqrt{x^2+a^2}}{a}\right| + C_1$$

$$= \ln|x+\sqrt{x^2+a^2}| + C \qquad (C = C_1 - \ln a)$$

作辅助三角形(如图 5.1 所示).

因为 $\tan t = \dfrac{x}{a}$,

所以 $\sec t = \dfrac{1}{\cos t} = \dfrac{\sqrt{x^2+a^2}}{a}.$

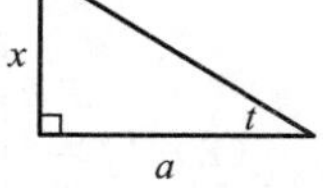

图 5.1

例 5.4.10　求积分 $\displaystyle\int \frac{1}{\sqrt{x^2-a^2}}\mathrm{d}x\ (a > 0).$

解
$$\int \frac{1}{\sqrt{x^2-a^2}}\mathrm{d}x \xlongequal[\mathrm{d}x=a\sec t\tan t\mathrm{d}t]{x=a\sec t} \int \frac{1}{a\tan t}a\sec t\tan t\mathrm{d}t$$

$$= \int \sec t\mathrm{d}t$$

$$= \ln\mid \sec t+\tan t\mid+C_1$$

$$= \ln\left|\frac{x+\sqrt{x^2-a^2}}{a}\right|+C_1$$

$$= \ln\mid x+\sqrt{x^2-a^2}\mid+C \qquad (C=C_1-\ln a)$$

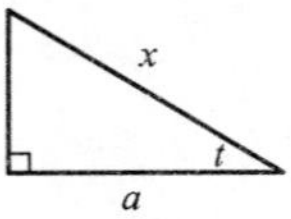

作辅助三角形(如图 5.2 所示).

因为 $\sec t=\dfrac{x}{a}$,

所以 $\tan t=\dfrac{\sqrt{x^2-a^2}}{a}$.

图 5.2

将例 5.4.9 和例 5.4.10 写在一起,则

$$\int \frac{1}{\sqrt{x^2\pm a^2}}\mathrm{d}x = \ln\mid x+\sqrt{x^2\pm a^2}\mid+C$$

例 5.4.11 计算下列不定积分:

(1) $I_1 = \int \dfrac{\sqrt{x^2-4}}{x}\mathrm{d}x$; 　　　　(2) $I_2 = \int \dfrac{\mathrm{d}x}{\sqrt{2x+1}-\sqrt[4]{2x+1}}$;

(3) $I_3 = \int \dfrac{\mathrm{d}x}{\sqrt{1+\mathrm{e}^x}}$.

解 (1) $I_1 = \int \dfrac{\sqrt{x^2-4}}{x}\mathrm{d}x$

$$\xlongequal[\substack{\sqrt{x^2-4}=2\tan t\\ \mathrm{d}x=2\sec t\tan t\mathrm{d}t}]{x=2\sec t} \int \frac{2\tan t}{2\sec t}\cdot 2\sec t\tan t\mathrm{d}t$$

$$= 2\int \tan^2 t\mathrm{d}t$$

$$= 2\int (\sec^2 t-1)\mathrm{d}t$$

$$= 2\tan t-2t+C$$

$$= \sqrt{x^2-4}-\arctan\frac{\sqrt{x^2-4}}{2}+C$$

(2) $I_2 = \int \dfrac{\mathrm{d}x}{\sqrt{2x+1}-\sqrt[4]{2x+1}}$

$$\xlongequal[\substack{\sqrt[4]{2x+1}=t\\ \mathrm{d}x=2t^3\mathrm{d}t}]{\sqrt{2x+1}=t^2} \int \frac{2t^3\,\mathrm{d}t}{t^2-t}$$

$$= 2\int \frac{t^2-1+1}{t-1}\mathrm{d}t$$

$$= 2\int\left[(t+1) - \frac{1}{t-1}\right]\mathrm{d}t$$

$$= t^2 - 2t - 2\ln|t-1| + C$$

$$= \sqrt{2x+1} - 2\sqrt[4]{2x+1} - 2\ln|\sqrt[4]{2x+1} - 1| + C$$

(3) $I_3 = \displaystyle\int \frac{\mathrm{d}x}{\sqrt{1+\mathrm{e}^x}}$

$$\xlongequal[\substack{x = \ln|t^2-1| \\ \mathrm{d}x = \frac{2t}{t^2-1}\mathrm{d}t}]{\sqrt{1+\mathrm{e}^x} = t} \int \frac{\frac{2t}{t^2-1}}{t}\mathrm{d}t$$

$$= \frac{2}{2}\int\left(\frac{1}{t-1} - \frac{1}{t+1}\right)\mathrm{d}t$$

$$= \ln\left|\frac{t-1}{t+1}\right| + C$$

$$= \ln\left|\frac{\sqrt{1+\mathrm{e}^x} - 1}{\sqrt{1+\mathrm{e}^x} + 1}\right| + C$$

通过本节的研究,我们又推导出以下积分公式:

(12) $\displaystyle\int \tan x\,\mathrm{d}x = -\ln|\cos x| + C = \ln|\sec x| + C$;

(13) $\displaystyle\int \cot x\,\mathrm{d}x = \ln|\sin x| + C = -\ln|\csc x| + C$;

(14) $\displaystyle\int \sec x\,\mathrm{d}x = \ln|\sec x + \tan x| + C$;

(15) $\displaystyle\int \csc x\,\mathrm{d}x = \ln|\csc x - \cot x| + C$;

(16) $\displaystyle\int \frac{1}{\sqrt{a^2 - x^2}}\mathrm{d}x = \arcsin\frac{x}{a} + C$;

(17) $\displaystyle\int \frac{1}{a^2 + x^2}\mathrm{d}x = \frac{1}{a}\arctan\frac{x}{a} + C$;

(18) $\displaystyle\int \frac{1}{x^2 - a^2}\mathrm{d}x = \frac{1}{2a}\ln\left|\frac{x-a}{x+a}\right| + C$;

(19) $\displaystyle\int \frac{1}{\sqrt{x^2 \pm a^2}}\mathrm{d}x = \ln|x + \sqrt{x^2 \pm a^2}| + C$.

5.5 分部积分法

分部积分法是另外一种形式的积分法,是和两个函数相乘的求导公式相对的积分法.
设 $u(x)$,$v(x)$ 均有连续的导数,由求导公式可知

$$(uv)' = u'v + v'u$$

移项后得

$$v'u = (uv)' - u'v$$

将上式两边积分,有

$$\int uv' \mathrm{d}x = uv - \int vu' \mathrm{d}x$$

或

$$\int u\mathrm{d}v = uv - \int v\,\mathrm{d}u$$

这即所谓的分部积分公式.当右边的积分 $\int v\,\mathrm{d}u$ 比左边的积分 $\int u\mathrm{d}v$ 容易计算时,利用此公式可简化积分,并最终求出原积分.

例 5.5.1 求积分 $\int x\mathrm{e}^x\,\mathrm{d}x$.

解 令 $u = x$, $\mathrm{d}v = \mathrm{e}^x\,\mathrm{d}x = \mathrm{d}(\mathrm{e}^x)$,则 $\mathrm{d}u = \mathrm{d}x$, $v = \mathrm{e}^x$.

所以由分部积分公式可得

$$\int x\mathrm{e}^x\,\mathrm{d}x = \int x\,\mathrm{d}(\mathrm{e}^x) = x\mathrm{e}^x - \int \mathrm{e}^x\,\mathrm{d}x = x\mathrm{e}^x - \mathrm{e}^x + C$$

例 5.5.2 求下列不定积分:

(1) $\int x\sin x\,\mathrm{d}x$;　　　　(2) $\int(x^2 + 2)\cos x\,\mathrm{d}x$.

解 (1) $\int x\sin x\,\mathrm{d}x$

令 $u = x$, $\mathrm{d}v = \sin x\,\mathrm{d}x = -\mathrm{d}(\cos x)$,则有 $\mathrm{d}u = \mathrm{d}x$, $v = \cos x$,故

$$\begin{aligned}
\int x\sin x\,\mathrm{d}x &= -\int x\mathrm{d}(\cos x)\\
&= -\left(x\cos x - \int \cos x\,\mathrm{d}x\right)\\
&= -x\cos x + \sin x + C
\end{aligned}$$

(2) $\displaystyle\int(x^2 + 2)\cos x\,\mathrm{d}x$

$$\begin{aligned}
&= \int x^2\cos x\,\mathrm{d}x + 2\int \cos x\,\mathrm{d}x\\
&= \int x^2\mathrm{d}(\sin x) + 2\sin x\\
&= x^2\sin x - \int \sin x\mathrm{d}(x^2) + 2\sin x\\
&= x^2\sin x - 2\int x\sin x\,\mathrm{d}x + 2\sin x\\
&= x^2\sin x + 2x\cos x + C
\end{aligned}$$

例 5.5.3 求下列不定积分:

(1) $\int x\ln x\,\mathrm{d}x$;　　　　(2) $\int x^2\arctan x\,\mathrm{d}x$;　　　　(3) $\int \mathrm{e}^{\sqrt{x}}\,\mathrm{d}x$.

解 (1) $\int x \ln x \, dx = \dfrac{1}{2} \int \ln x \, d(x^2)$

$$= \dfrac{1}{2} (x^2 \ln x - \int x^2 \, d\ln x)$$

$$= \dfrac{1}{2} (x^2 \ln x - \int x \, dx)$$

$$= \dfrac{1}{2} x^2 \ln x - \dfrac{1}{4} x^2 + C$$

(2) $\int x^2 \arctan x \, dx = \dfrac{1}{3} \int \arctan x \, dx^3$

$$= \dfrac{1}{3} \left(x^3 \arctan x - \int x^3 \, d\arctan x \right)$$

$$= \dfrac{1}{3} x^3 \arctan x - \dfrac{1}{3} \int \dfrac{x^3}{1+x^2} \, dx$$

$$= \dfrac{1}{3} x^3 \arctan x - \dfrac{1}{3} \cdot \dfrac{1}{2} \int \dfrac{x^2}{1+x^2} \, dx^2$$

$$= \dfrac{1}{3} x^3 \arctan x - \dfrac{1}{6} \int \dfrac{1+x^2-1}{1+x^2} \, dx^2$$

$$= \dfrac{1}{3} x^3 \arctan x - \dfrac{1}{6} x^2 + \dfrac{1}{6} \int \dfrac{1}{1+x^2} \, d(1+x^2)$$

$$= \dfrac{1}{3} x^3 \arctan x - \dfrac{1}{6} x^2 + \dfrac{1}{6} \ln(1+x^2) + C$$

(3) $\int e^{\sqrt{x}} \, dx \xrightarrow[dx = 2t\,dt]{t = \sqrt{x}} 2 \int t e^t \, dt$

$$= 2 \int t \, de^t$$

$$= 2 \left(t e^t - \int e^t \, dt \right)$$

$$= 2t e^t - 2 e^t + C$$

本题说明:由于对数函数、反三角函数的导数不容易求出,分部积分时,一般将它们充做 u 而保留,被积函数中的其他因子作为 v. 由于指数函数的导数容易求出,分部积分时,一般将它充做 v,被积函数中其他因子作为 u 而保留.

例 5.5.4 求下列不定积分:

(1) $I_1 = \int \sqrt{x^2 + a^2} \, dx$; (2) $I_2 = \int e^x \cos x \, dx$.

解 (1) $I_1 = \int \sqrt{x^2 + a^2} \, dx$

$$= x\sqrt{x^2+a^2} - \int x \, d(\sqrt{x^2+a^2})$$

$$= x\sqrt{x^2+a^2} - \int \frac{x^2}{\sqrt{x^2+a^2}}\mathrm{d}x$$

$$= x\sqrt{x^2+a^2} - \int \frac{x^2+a^2-a^2}{\sqrt{x^2+a^2}}\mathrm{d}x$$

$$= x\sqrt{x^2+a^2} - I_1 + \int \frac{a^2}{\sqrt{x^2+a^2}}\mathrm{d}x$$

$$= x\sqrt{x^2+a^2} - I_1 + a^2\ln(x+\sqrt{x^2+a^2}) + 2C$$

移项后,可得

$$I_1 = \frac{1}{2}x\sqrt{x^2+a^2} + \frac{1}{2}a^2\ln(x+\sqrt{x^2+a^2}) + C$$

(2) $I_2 = \int \mathrm{e}^x\cos x\,\mathrm{d}x = \int \cos x\mathrm{d}\mathrm{e}^x$

$$= \mathrm{e}^x\cos x - \int \mathrm{e}^x\,\mathrm{d}(\cos x)$$

$$= \mathrm{e}^x\cos x + \int \mathrm{e}^x\sin x\,\mathrm{d}x$$

$$= \mathrm{e}^x\cos x + \int \sin x\mathrm{d}\mathrm{e}^x$$

$$= \mathrm{e}^x\cos x + \mathrm{e}^x\sin x - \int \mathrm{e}^x\,\mathrm{d}(\sin x)$$

$$= \mathrm{e}^x\cos x + \mathrm{e}^x\sin x - I_2$$

移项后,加上积分常数可得

$$I_2 = \frac{1}{2}\mathrm{e}^x\cos x + \frac{1}{2}\mathrm{e}^x\sin x + C$$

例 5.5.5 已知 $f(x)$ 的原函数为 $\ln x$,求 $\int xf'(x)\mathrm{d}x$.

解 $\int xf'(x)\mathrm{d}x = \int x\,\mathrm{d}f(x)$

$$= xf(x) - \int f(x)\mathrm{d}x$$

又因为 $(\ln x)' = \dfrac{1}{x} = f(x)$

所以 $\quad \int xf'(x)\mathrm{d}x$

$$= x \cdot \frac{1}{x} - \int \frac{1}{x}\mathrm{d}x$$

$$= 1 - \ln x + C$$

到目前为止,我们介绍了几种积分方法,至于用哪种方法,要看被积函数. 同时必须通过做一定数量的题目,才能找出其规律. 另外,有一些积分,尽管被积函数连续,理论上有原函数,但无法用初等函数表达,如下列积分:

$$\int \frac{x}{\sin x}\mathrm{d}x, \quad \int \cos x^2 \mathrm{d}x, \quad \int \frac{1}{\ln x}\mathrm{d}x, \quad \int \mathrm{e}^{-x^2}\mathrm{d}x$$

等,我们称这些积分是"积不出来"的.

习　题　5.1

1. 在等式的右边填上合适的函数,使等式成立:

(1) $2x\mathrm{d}x = \mathrm{d}(\quad)$;

(2) $\frac{1}{x^2}\mathrm{d}x = \mathrm{d}(\quad)$;

(3) $\mathrm{e}^{-x}\mathrm{d}x = \mathrm{d}(\quad)$;

(4) $\mathrm{d}x = \mathrm{d}(\quad)$;

(5) $x\mathrm{e}^{x^2}\mathrm{d}x = \mathrm{d}(\quad)$;

(6) $\frac{1}{1+x^2}\mathrm{d}x = \mathrm{d}(\quad)$;

(7) $\frac{\ln x}{x}\mathrm{d}x = \mathrm{d}(\quad)$;

(8) $\sin 6x\mathrm{d}x = \mathrm{d}(\quad)$.

2. 解决下列问题:

(1) 已知曲线上任一点的切线斜率等于该点处横坐标平方的 2 倍,且过点 $(1,1)$,求此曲线方程.

(2) 已知函数 $f(x) = 2x+3$ 的一个原函数 y,且满足条件 $y\,|_{x=1} = 2$,求此函数 y.

(3) 某产品总产量为 $Q(t)$,已知该产品的变化率为 $136t+20$,且满足 $Q(0)=0$,求 $Q(t)$.

(4) 某工厂生产某产品的总成本的边际成本是

$$C'(x) = 2 + \frac{7}{\sqrt[3]{x^2}}$$

且已知固定成本为 5 000 元,求总成本函数 $C(x)$.

(5) 某商品的边际成本 $C'(x) = \frac{1}{2\,000} + \frac{1}{\sqrt{x}}$,边际收入为 $R'(x) = 100-0.01x$,又固定成本为 $C_0 = 10$,求总成本函数及总收入函数.

3. (1) 验证:

$$\int 2\sin x \cos x\,\mathrm{d}x = \sin^2 x + C$$

$$\int 2\sin x \cos x\,\mathrm{d}x = -\frac{1}{2}\cos 2x + C$$

能不能说 $2\sin x \cos x$ 有两族原函数?为什么?

(2) 若 $\int f(x)\mathrm{d}x = F(x) + C$,证明:

$$\int f(ax+b)\mathrm{d}x = \frac{1}{a}F(ax+b) + C \qquad (a \neq 0)$$

4. 求下列不定积分:

(1) $\int \left(\frac{1}{x} - 2\cos x\right)\mathrm{d}x$;

(2) $\int \frac{x^3 + \sqrt{x} - 2}{x}\mathrm{d}x$;

(3) $\int \frac{2\cdot 3^x - 5\cdot 2^x}{3^x}\mathrm{d}x$;

(4) $\int \frac{x^2}{1+x^2}\mathrm{d}x$;

(5) $\int \sec x(\sec x + \tan x)\mathrm{d}x$;

(6) $\int \frac{\cos 2x}{\sin^2 x \cdot \cos^2 x}\mathrm{d}x$;

(7) $\int \frac{(x+3)^3}{x^2}\mathrm{d}x$;

(8) $\int \frac{x-9}{\sqrt{x}-3}\mathrm{d}x$;

(9) $\int (1+\sin x+\cos x)\mathrm{d}x$; (10) $\int \dfrac{(x^2-3)(x+1)}{x^2}\mathrm{d}x$.

5. 求下列不定积分:

(1) $\int \dfrac{1}{5x+1}\mathrm{d}x$; (2) $\int \sqrt{1+2x}\,\mathrm{d}x$;

(3) $\int \mathrm{e}^{-3x+1}\mathrm{d}x$; (4) $\int \mathrm{e}^x \sin \mathrm{e}^x \mathrm{d}x$;

(5) $\int \dfrac{\mathrm{e}^{2x}-1}{\mathrm{e}^x}\mathrm{d}x$; (6) $\int \tan(2x+1)\mathrm{d}x$;

(7) $\int \dfrac{\sqrt{\arcsin x}}{1-x^2}\mathrm{d}x$; (8) $\int \dfrac{\ln \tan x}{\sin x \cos x}\mathrm{d}x$;

(9) $\int \cos^4 x\,\mathrm{d}x$; (10) $\int \dfrac{1}{1+\cos x}\mathrm{d}x$;

(11) $\int \dfrac{x}{1-x^2}\mathrm{d}x$; (12) $\int \dfrac{x^2}{1+x^3}\mathrm{d}x$;

(13) $\int \dfrac{1+\ln x+\ln^2 x}{x}\mathrm{d}x$; (14) $\int \dfrac{\sin x}{4+\cos^2 x}\mathrm{d}x$;

(15) $\int \dfrac{1}{x^2-x-6}\mathrm{d}x$; (16) $\int \dfrac{\sec^2 x}{2+\tan^2 x}\mathrm{d}x$;

(17) $\int \dfrac{2x-1}{x^2-x+3}\mathrm{d}x$; (18) $\int \dfrac{2x+1}{x^2+1}\mathrm{d}x$;

(19) $\int \tan^3 x \sec^2 x\,\mathrm{d}x$; (20) $\int (3x+2)^{10}\mathrm{d}x$;

(21) $\int \dfrac{\sin \dfrac{1}{x}}{x^2}\mathrm{d}x$; (22) $\int \dfrac{x^2 \arctan x}{1+x^2}\mathrm{d}x$;

(23) $\int \dfrac{3\sin x+2\cos x}{2\sin x+3\cos x}\mathrm{d}x$; (24) $\int \dfrac{\mathrm{e}^{\sqrt{x}}}{\sqrt{x}}\mathrm{d}x$.

6. 求下列不定积分:

(1) $\int \dfrac{\mathrm{d}x}{1+\sqrt{x}}$; (2) $\int \dfrac{\sqrt{1+x}}{1+\sqrt{1+x}}\mathrm{d}x$;

(3) $\int \dfrac{\mathrm{d}x}{x\sqrt{9-x^2}}$; (4) $\int x\sqrt{25-x^2}\,\mathrm{d}x$;

(5) $\int \dfrac{\mathrm{d}x}{\sqrt{4x^2+9}}$; (6) $\int \dfrac{x+1}{\sqrt[3]{3x+1}}\mathrm{d}x$;

(7) $\int \dfrac{\mathrm{d}x}{x^2\sqrt{x^2-9}}$; (8) $\int \dfrac{1}{x\sqrt{x^2-1}}\mathrm{d}x$;

(9) $\int \dfrac{x}{\sqrt{2x-1}}\mathrm{d}x$; (10) $\int \dfrac{\sqrt{x-4}}{x}\mathrm{d}x$;

(11) $\int \dfrac{\sqrt{1-x^2}}{x^4}\mathrm{d}x$; (12) $\int \sqrt{1+\mathrm{e}^x}\,\mathrm{d}x$.

7. 求下列不定积分:

(1) $\int x^2 \ln x\,\mathrm{d}x$; (2) $\int x^2 \mathrm{e}^{3x}\mathrm{d}x$;

(3) $\int \left(\dfrac{1}{x}+\ln x\right)\mathrm{e}^x \mathrm{d}x$; (4) $\int (\arcsin x)^2\mathrm{d}x$;

(5) $\int e^{-x} \cos x \, dx$;　　　　　　(6) $\int x \tan^2 x \, dx$;

(7) $\int x \sin 5x \, dx$;　　　　　　(8) $\int \ln(x + \sqrt{1+x^2}) \, dx$.

8. 求下列不定积分：

(1) $\int x f''(x) \, dx$;

(2) 已知 $f(x) = \dfrac{\sin x}{x}$，计算 $\int x f'(x) \, dx$;

(3) 已知 $f(x) = x e^x$，计算 $\int f'(x) \ln x \, dx$;

(4) $f(x)$ 的一个原函数为 $\dfrac{\sin x}{1 + \sin x}$，计算 $\int f(x) f'(x) \, dx$.

9. 求下列不定积分：

(1) $\displaystyle\int \frac{\arcsin x e^{\arcsin x}}{\sqrt{1-x^2}} \, dx$;　　　　　(2) $\displaystyle\int \frac{\arctan e^x}{e^x} \, dx$;

(3) $\displaystyle\int \frac{1}{x} \sqrt{\frac{1-x}{1+x}} \, dx$;　　　　　(4) $\displaystyle\int \frac{x}{x^3 - 1} \, dx$;

(5) $\displaystyle\int \frac{\cos^4 x}{\sin^3 x} \, dx$;　　　　　(6) $\displaystyle\int \frac{dx}{3 + \sin^2 x}$.

6 定积分

一位出类拔萃的伟大的数学家——欧拉

在 18 世纪的数学家当中,有一位为人类做出过卓越贡献的伟大数学家,他就是瑞士数学家、彼得堡科学院院士欧拉.

欧拉是 18 世纪最著名的数学家.这不仅因为他是 18 世纪最多产的数学家,而且也是数学史上最多产的数学家.他的不朽业绩是包括 886 种著作和论文的欧拉全集,已由瑞士自然科学学会从 1907 年开始出版.他的著作如果全部出完将有七十四卷之多.

欧拉于 1707 年出生在瑞士巴塞尔附近的一个牧师家庭里,他 13 岁入读巴塞尔大学,15 岁大学毕业,16 岁获得硕士学位,18 岁开始发表论文.他的著作之多、领域之广是惊人的.在数学领域中,微积分、微分方程、微分几何、数论、级数和变分法,他无所不及.他还把数学应用到物理学领域中去,创立了分析力学、刚体力学等应用科学.他以每年大约 800 页的速度,发表了高质量的独创性的研究文章达 886 种,所以他是智慧的象征.

可是不幸的是,当欧拉只有 28 岁时,便瞎了一只眼睛,到 59 岁(1766 年)时,竟又双目失明了.但他以高度的毅力和坚忍不拔的精神从事着数学研究,他的许多著作和 400 多篇论文都是在他双目失明后完成的.所以在数学的许多分支中,都可以找到他的名字,都可以看到以他的名字命名的数学公式和数学概念.例如自然数 e,这是欧拉于 1727 年最先使用的数学符号,所以后人就取 Euler 名字的第一个字母"e"来代表自然数,以此来纪念欧拉.

欧拉有惊人的记忆力,他能背出三角学和分析学的全部公式,能记住前一百个质数的前六次幂,还能背出许多诗文和剧本.许多有才能的数学家在纸上做起来也很困难的计算,他却能心算出结果.

他的品格高尚,赢得了广泛的尊敬.他晚年的时候,欧洲所有的数学家都把他当做老师,包括大数学家拉普拉斯和"数学之王"高斯都对他有极高的评价.所以他是当之无愧的能够同阿基米德、牛顿、高斯和爱因斯坦(1879—1955)并列的世界上少有的伟大科学家.

6.1　定积分的概念与性质

6.1.1　定积分问题的实例

(1) 曲边梯形的面积

在初等数学里,有了足够的条件,就可以求出由直线和圆弧围成的封闭图形的面积.这里将用极限的知识,进一步讨论由曲线围成的封闭图形的面积求法.

把由三条直线(其中两条直线互相平行,另一条与它们垂直)和一条曲线围成的封闭图形叫做曲边梯形.为了讨论方便,通常以垂直于两条直线的那一条直线为 x 轴建立直角坐标系,而设两条互相平行的直线的方程分别为 $x = a$, $x = b$,曲线方程为 $y = f(x)$(如图 6.1 所示).

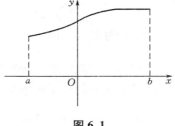

下面来研究该曲边梯形的面积的求法.

先把区间 $[a, b]$ 用任取的分点

$$a = x_0 < x_1 < x_2 < \cdots < x_i < \cdots < x_{n-1} < x_n = b$$

分成 n 个小区间

图 6.1

$$[x_0, x_1], [x_1, x_2], [x_2, x_3], \cdots, [x_{i-1}, x_i], \cdots, [x_{n-1}, x_n]$$

它们的长度依次为

$$\Delta x_1 = x_1 - x_0, \Delta x_2 = x_2 - x_1, \cdots, \Delta x_i = x_i - x_{i-1}, \cdots, \Delta x_n = x_n - x_{n-1}$$

其中最长的记为 $\| \Delta x \|$,即 $\| \Delta x \| = \max\{\Delta x_1, \Delta x_2, \Delta x_3, \cdots, \Delta x_n\}$.

经过每一个分点作平行于 y 轴的直线,把曲边梯形分成 n 个"条状"的曲边梯形,设它们的面积依次为 $\Delta A_i (i = 1, 2, 3, \cdots, n)$,那么曲边梯形的面积为

$$A = \Delta A_1 + \Delta A_2 + \Delta A_3 + \cdots + \Delta A_n = \sum_{i=1}^{n} \Delta A_i$$

在每个小区间上任取一点 $\xi_i (i = 1, 2, \cdots, n)$,以 $f(\xi_i)$ 为高,以 Δx_i 为底作一个狭长的小矩形,这个小矩形的面积为 $f(\xi_i)\Delta x_i$,我们用它作为第 i 个"条状"曲边梯形的面积 ΔA_i 的近似值,即

$$\Delta A_i \approx f(\xi_i)\Delta x_i \qquad (i = 1, 2, \cdots, n)$$

于是曲边梯形的面积 A 就近似等于 n 个狭长的小矩形的面积之和,也就是

$$A \approx f(\xi_1)\Delta x_1 + f(\xi_2)\Delta x_2 + \cdots + f(\xi_n)\Delta x_n = \sum_{i=1}^{n} f(\xi_i)\Delta x_i$$

显然,当这些小区间的长度愈小时,狭长的小矩形的面积就愈接近"条状"曲边梯形的面积.为了保证每个小区间的长度都无限地缩小,我们要求最大区间的长度趋向于 0,即 $\| \Delta x \| \to 0$.此时小区间个数就无限地增多,即 $n \to \infty$.取上式右边的极限,即得曲边梯形的面积 A 的精确值为

$$A = \lim_{\| \Delta x \| \to 0} \sum_{i=1}^{n} f(\xi_i)\Delta x_i$$

(2) 单位产品可变成本变化的总成本问题

当产品总成本对产量的变化率保持不变时,单位产品内的可变成本是一个常数,于是有

$$总成本 = 单位产品成本 \times 产量 + 固定成本$$

如果产品总成本对产量的变化率随产量的变化而变化,就不能简单地用上面的公式计算总成本了.

设某一生产过程中,总成本 C 对产量 x 的变化率为 $C' = f(x)$ 是产量的函数,现在计算产量由 $x_0 = a$ 增加到 $x_n = b$ 时,总成本的增加量 ΔC.

先把产量间隔 $[a, b]$ 用任意的分点

$$a = x_0 < x_1 < x_2 < \cdots < x_i < \cdots < x_{n-1} < x_n = b$$

分成 n 个产量的小间隔

$$[x_0, x_1], [x_1, x_2], \cdots, [x_{i-1}, x_i], \cdots, [x_{n-1}, x_n]$$

各个产量小间隔的产量增加量为

$$\Delta x_1 = x_1 - x_0, \Delta x_2 = x_2 - x_1, \cdots, \Delta x_i = x_i - x_{i-1}, \cdots, \Delta x_n = x_n - x_{n-1}$$

其中最大的记作 $\|\Delta x\|$，即 $\|\Delta x\| = \max\{\Delta x_1, \Delta x_2, \cdots, \Delta x_n\}$.

设这 n 个产量小间隔内的成本增加量依次为 $\Delta C_i (i = 1, 2, \cdots, n)$，那么产量从 $x_0 = a$ 增加到 $x_n = b$ 时，总成本的增加量 $\Delta C = \Delta C_1 + \Delta C_2 + \Delta C_3 + \cdots + \Delta C_n$.

假定在每一个产量小间隔内任取一点产量 $\xi_i (i = 1, 2, \cdots, n)$，以它对应的总成本的变化率 $f(\xi_i)$ 代表这个小区间内单位产品可变成本平均变化数，则利用 $f(\xi_i)\Delta x_i$ 代替在该产量变化的小间隔内的总成本增加量，即

$$\Delta C_i \approx f(\xi_i)\Delta x_i \qquad (i = 1, 2, \cdots, n)$$

于是，产量由 $x_0 = a$ 增加到 $x_n = b$ 时，总成本的增加量

$$\Delta C \approx f(\xi_1)\Delta x_1 + f(\xi_2)\Delta x_2 + \cdots + f(\xi_n)\Delta x_n = \sum_{i=1}^{n} f(\xi_i)\Delta x_i$$

当 $\|\Delta x\| \to 0$ 时，所有的产量小间隔无限地缩小，间隔个数 $n \to \infty$，$\sum_{i=1}^{n} f(\xi_i)\Delta x_i$ 越来越接近 ΔC，最后的极限值即为 ΔC 的精确值. 即

$$\Delta C = \lim_{\|\Delta x\| \to 0} \sum_{i=1}^{n} f(\xi_i)\Delta x_i$$

以上两个实例都具有两个相同的地方：

(1) 都运用了"无限分割，以直代曲"的现代数学思想.

(2) 计算的步骤相同，即

① 用任取分点把区间分割成 n 个小区间；

② 在每个小区间内任取一点 ξ_i，作和式 $\sum_{i=1}^{n} f(\xi_i)\Delta x_i$；

③ 求极限.

6.1.2 定积分的定义

上面两个例子，一个是求曲边梯形的面积，一个是求在指定产量变化范围内的单位成本变化率变动的总成本的增量，是性质完全不同的两个问题，但从解决问题的基本思想和基本计算步骤上看，却完全相同的，都可以归结为求一特定和式的极限. 在许多实际问题的解决中，都需要这种数学方法，因此，我们把它推广到一般情况，得如下的定积分定义.

定义 6.1 设函数 $f(x)$ 在区间 $[a, b]$ 上连续，用任意的分点

$$a = x_0 < x_1 < x_2 < \cdots < x_i < \cdots < x_{n-1} < x_n = b$$

把区间 $[a, b]$ 分割成 n 个小区间

$$[x_0, x_1], [x_1, x_2], \cdots, [x_{i-1}, x_i], \cdots, [x_{n-1}, x_n]$$

各小区间的长度依次为

$$\Delta x_1 = x_1 - x_0, \Delta x_2 = x_2 - x_1, \cdots, \Delta x_i = x_i - x_{i-1}, \cdots, \Delta x_n = x_n - x_{n-1}$$

其中最长者记为 $\|\Delta x\|$,即 $\|\Delta x\| = \max\{\Delta x_1, \Delta x_2, \Delta x_3, \cdots, \Delta x_n\}$.

在每个小区间 $[x_{i-1}, x_i]$ 上任取一点 $\xi_i (x_{i-1} \leqslant \xi_i \leqslant x_i)$ $(i = 1, 2, 3, \cdots, n)$,则函数值 $f(\xi_i)$ 与相应小区间长度 Δx_i 的积 $f(\xi_i)\Delta x_i$ 叫做积分元素. 总和记作 $S_n = \sum\limits_{i=1}^{n} f(\xi_i)\Delta x_i$,叫作积分和式.

若当 $\|\Delta x\| \to 0$ 时,S_n 的极限存在,即 $\lim\limits_{\|\Delta x\| \to 0} \sum\limits_{i=1}^{n} f(\xi_i)\Delta x_i = A$(有限数),则称 $f(x)$ 在 $[a, b]$ 上可积,极限值 A 叫做 $f(x)$ 在区间 $[a, b]$ 上的定积分,简称积分,记作

$$\int_a^b f(x)\mathrm{d}x$$

即

$$\int_a^b f(x)\mathrm{d}x = A = \lim_{\|\Delta x\| \to 0} \sum_{i=1}^{n} f(\xi_i)\Delta x_i$$

其中记号 $\int$ 叫做积分号,$f(x)$ 叫做被积函数,$f(x)\mathrm{d}x$ 叫做被积表达式,x 叫做积分变量,a 叫做积分下限,b 叫做积分上限,$[a, b]$ 叫做积分区间.

注:(1) $\lim\limits_{\|\Delta x\| \to 0} \sum\limits_{i=1}^{n} f(\xi_i)\Delta x_i = A$ 中 A 值与分法及 ξ_i 的取法无关.

(2) $\int_a^b f(x)\mathrm{d}x$ 是一个确定的常数,它取决于区间 $[a, b]$ 的长短及被积函数 $f(x)$.

(3) $\int_a^b f(x)\mathrm{d}x$ 的值与积分变量所用的字母无关,即

$$\int_a^b f(x)\mathrm{d}x = \int_a^b f(s)\mathrm{d}s = \int_a^b f(u)\mathrm{d}u$$

由定积分的定义知道,前面求曲边梯形的面积和求在指定产量变化范围内可变成本变化的总成本的两个例子,都是求定积分的问题.

由连续曲线 $y = f(x)$、直线 $x = a$,$x = b$ 和 x 轴所围成的图形的面积等于 $f(x)$ 在区间 $[a, b]$ 上的定积分,即 $A = \int_a^b f(x)\mathrm{d}x$.

总成本对产量的变化率为 $C' = f(x)$,产量由 $x_0 = a$ 增加到 $x_n = b$ 时总成本的增加量 ΔC 为 $f(x)$ 在 $[a, b]$ 区间的定积分,即 $\Delta C = \int_a^b f(x)\mathrm{d}x$.

6.1.3　定积分的几何意义

如图 6.2(1),当 $f(x) \geqslant 0$ 时,定积分 $\int_a^b f(x)\mathrm{d}x$ 的几何意义为曲线 $y = f(x)$、直线 $x = a$,$x = b$ 和 x 轴所围成的曲边梯形面积.

如图 6.2(2)，当 $f(x) \leqslant 0$ 时，定积分 $\int_a^b f(x)\mathrm{d}x$ 的几何意义为曲线 $y = f(x)$、直线 $x = a$，$x = b$ 和 x 轴所围成的曲边梯形面积的相反数.

如图 6.2(3)，当 $f(x)$ 可正可负时，定积分 $\int_a^b f(x)\mathrm{d}x$ 的几何意义为曲线 $y = f(x)$、直线 $x = a$，$x = b$ 和 x 轴所围成的图形中，x 轴上方的曲边梯形面积之和与 x 轴下方的曲边梯形面积之和的差.

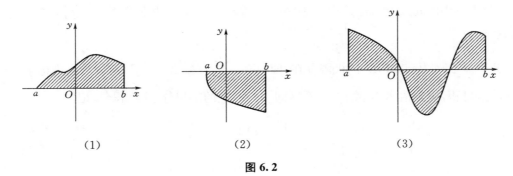

图 6.2

例 6.1.1 利用定积分的几何意义求下列定积分的值：

(1) $\int_0^2 \sqrt{4 - x^2}\,\mathrm{d}x$； (2) $\int_{-1}^1 x\,\mathrm{d}x$.

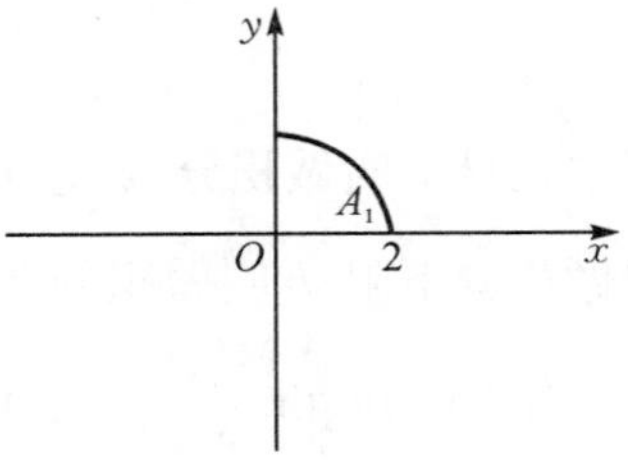

解 (1) $y = \sqrt{4 - x^2}$ 是一条圆心在原点 $(0, 0)$，半径为 2 的半圆曲线（如图 6.3 所示）.

$$\int_0^2 \sqrt{4 - x^2}\,\mathrm{d}x = \frac{1}{4}\pi 2^2 = \pi$$

图 6.3

(2) 由 $y = x$ 的图像知，$y = x$ 在 $[0, 1]$ 上的面积和在 $[-1, 0]$ 上的面积相等，因此由定积分的几何意义知

$$\int_{-1}^1 x\,\mathrm{d}x = 0.$$

6.1.4 定积分的性质

在下面的讨论中，假设 $f(x)$ 和 $g(x)$ 都在区间 $[a, b]$ 上连续，从而它们都在 $[a, b]$ 上可积.

由于定积分是特殊和式的极限，因此运用极限的结论可以证明下列定积分的相关性质.

性质 1 函数的代数和的定积分等于它们的定积分的代数和，即

$$\int_a^b [f(x) \pm g(x)]\mathrm{d}x = \int_a^b f(x)\mathrm{d}x \pm \int_a^b g(x)\mathrm{d}x$$

性质 2 被积函数的常数因子可以提到积分号外面，即

$$\int_a^b kf(x)\mathrm{d}x = k\int_a^b f(x)\mathrm{d}x$$

性质 3 交换定积分的上限和下限，结果与原来的定积分绝对值相等，符号相反，即

$$\int_a^b f(x)\mathrm{d}x = -\int_b^a f(x)\mathrm{d}x$$

性质 4(定积分的可加性) 设 $c \in (a, b)$,则

$$\int_a^b f(x)\mathrm{d}x = \int_a^c f(x)\mathrm{d}x + \int_c^b f(x)\mathrm{d}x$$

注:当 $c \notin (a, b)$ 且上式各积分都存在时,性质 4 的结论仍然成立.

例 6.1.2 已知 $\int_{-1}^1 3f(x)\mathrm{d}x = 6$, $\int_{-1}^1 g(x)\mathrm{d}x = 2$,试求(1) $\int_{-1}^1 f(x)\mathrm{d}x$;(2) $\int_{-1}^1 [f(x) + g(x)]\mathrm{d}x$.

解 (1) $\int_{-1}^1 3f(x)\mathrm{d}x = 6$,故 $\int_{-1}^1 f(x)\mathrm{d}x = 2$

(2) $\int_{-1}^1 [f(x) + g(x)]\mathrm{d}x = \int_{-1}^1 f(x)\mathrm{d}x + \int_{-1}^1 g(x)\mathrm{d}x = 2 + 2 = 4$

习 题 6.1

1. 利用定积分的几何意义,求下列定积分的值:

(1) $\int_{-2}^2 x^3 \mathrm{d}x$; (2) $\int_{-2}^2 \sqrt{4 - x^2}\mathrm{d}x$;

(3) $\int_0^\pi \cos x \mathrm{d}x$; (4) $\int_0^2 (x + 1)\mathrm{d}x$.

2. 画出下列定积分表示的曲边梯形的面积:

(1) $\int_0^1 2^x \mathrm{d}x$; (2) $\int_0^1 \arctan x \mathrm{d}x$;

(3) $\int_0^1 (x + 1)^2 \mathrm{d}x$; (4) $\int_{-2}^2 |x| \mathrm{d}x$;

(5) $\int_0^1 4x \mathrm{d}x$; (6) $\int_{-1}^2 (x^3 + 1)\mathrm{d}x$.

3. 已知 $\int_a^b f(x)\mathrm{d}x = 1$, $\int_b^a g(x)\mathrm{d}x = 2$, $\int_{-a}^a f(x)\mathrm{d}x = -1$,试求:

(1) $\int_{-a}^b f(x)\mathrm{d}x$; (2) $\int_a^b [f(x) + g(x)]\mathrm{d}x$;

(3) $\int_b^a [2f(x) - g(x)]\mathrm{d}x$; (4) $\int_a^b [4f(x) + 3g(x)]\mathrm{d}x$.

4. 设 $f(x)$ 和 $g(x)$ 在区间 $[a, b]$ 上连续,且 $0 \leqslant f(x) \leqslant g(x)$,试利用定积分的几何意义说明

$$\int_a^b f(x)\mathrm{d}x \leqslant \int_a^b g(x)\mathrm{d}x$$

5. 利用第 4 题的结论判别下列定积分的大小:

(1) $\int_0^1 \ln x \mathrm{d}x$ 和 $\int_0^1 \ln^2 x \mathrm{d}x$; (2) $\int_1^2 \mathrm{e}^x \mathrm{d}x$ 和 $\int_1^2 \mathrm{e}^{-x}\mathrm{d}x$;

(3) $\int_0^1 x \mathrm{d}x$ 和 $\int_0^1 \sqrt[3]{x}\mathrm{d}x$; (4) $\int_0^1 x \mathrm{d}x$ 和 $\int_0^1 \ln(x + 1)\mathrm{d}x$.

6.2 牛顿-莱布尼茨公式

根据定义计算定积分是非常复杂的,为此,我们必须寻找计算积分的简单方法.

我们以单位产品可变成本变化的总成本问题为例,从积分与微分的关系来研究计算定积分的方法.

设某一生产过程中,总成本 C 是产量 x 的函数 $C = F(x)$,总成本对产量的变化率(又称边际成本)$C' = F'(x) = f(x)$,那么,当产量由 $x_0 = a$ 增加到 $x_n = b$ 时,总成本的增加量 ΔC 可以有两种方法求得. 第一种方法是总成本函数的增量的求法,即 $\Delta C = F(b) - F(a)$;第二种方法就是上节讲的方法,即 $\Delta C = \int_a^b f(x)\mathrm{d}x$. 比较结果,应得 $\int_a^b f(x)\mathrm{d}x = F(b) - F(a)$.

我们注意到 $F'(x) = f(x)$,即 $F(x)$ 是 $f(x)$ 的一个原函数. 把该结论推广一下就得到:函数 $f(x)$ 在区间 $[a,b]$ 的定积分等于它的一个原函数 $F(x)$ 在区间 $[a,b]$ 上的改变量,即

$$F(b) - F(a)$$

一般地,有下面的定理.

定理 6.1 如果 $F(x)$ 是 $f(x)$ 的一个原函数,即 $F'(x) = f(x)$,则

$$\int_a^b f(x)\mathrm{d}x = F(b) - F(a)$$

(证明从略)

注:(1) 该定理称为牛顿-莱布尼茨公式,也称微积分基本公式.

(2) $F(b) - F(a)$ 也常写成 $F(x)\Big|_a^b$ 或 $\Big[F(x)\Big]_a^b$,因此,牛顿-莱布尼茨公式也可以写成

$$\int_a^b f(x)\mathrm{d}x = F(x)\Big|_a^b \quad \text{或} \quad \int_a^b f(x)\mathrm{d}x = \Big[F(x)\Big]_a^b$$

(3) 牛顿-莱布尼茨公式建立了不定积分与定积分之间的关系,将求定积分的问题转化为求原函数(即不定积分)的问题.

例 6.2.1 求定积分 $\int_1^2 \dfrac{1}{x}\mathrm{d}x$.

解 因为 $\displaystyle\int \frac{1}{x}\mathrm{d}x = \ln|x| + C$

所以 $\displaystyle\int_1^2 \frac{1}{x}\mathrm{d}x = \ln|x|\ \Big|_1^2 = \ln 2 - \ln 1$

$$= \ln 2$$

例 6.2.2 求定积分 $\int_4^9 \sqrt{x}(1+\sqrt{x})\mathrm{d}x$.

解 $\displaystyle\int_4^9 \sqrt{x}(1+\sqrt{x})\mathrm{d}x = \int_4^9 (\sqrt{x} + x)\mathrm{d}x$

因为 $\displaystyle\int \sqrt{x}\,\mathrm{d}x = \frac{2}{3}x^{\frac{3}{2}} + C$

$$\int x\,\mathrm{d}x = \frac{1}{2}x^2 + C$$

所以 $\displaystyle\int_4^9 \sqrt{x}(1+\sqrt{x})\mathrm{d}x = \frac{2}{3}x^{\frac{3}{2}}\Big|_4^9 + \frac{1}{2}x^2\Big|_4^9$

$$= \frac{38}{3} + \frac{65}{2} = \frac{271}{6}$$

例 6.2.3 求定积分 $\int_1^e \frac{1 + \ln x}{x} dx$.

解
$$\int_1^e \frac{1 + \ln x}{x} dx = \left[\int_1^e (1 + \ln x) d\ln x \right]_1^e$$
$$= \left[\int_1^e (1 + \ln x) d(1 + \ln x) \right]_1^e$$
$$= \frac{1}{2} (1 + \ln x)^2 \Big|_1^e$$
$$= 2 - \frac{1}{2} = \frac{3}{2}$$

例 6.2.4 求定积分 $\int_{-\frac{\pi}{2}}^{\frac{\pi}{2}} \sqrt{1 - \cos^2 x} \, dx$.

解 因为 $\sqrt{1 - \cos^2 x} = \sqrt{\sin^2 x} = |\sin x|$
$$= \begin{cases} -\sin x & -\frac{\pi}{2} \leqslant x \leqslant 0 \\ \sin x & 0 < x < \frac{\pi}{2} \end{cases}$$

故 $\int_{-\frac{\pi}{2}}^{\frac{\pi}{2}} \sqrt{1 - \cos^2 x} \, dx$

$$= -\int_{-\frac{\pi}{2}}^0 \sin x \, dx + \int_0^{\frac{\pi}{2}} \sin x \, dx$$
$$= \cos x \Big|_{-\frac{\pi}{2}}^0 - \cos x \Big|_0^{\frac{\pi}{2}}$$
$$= 2$$

例 6.2.5 求定积分 $\int_0^{\frac{\pi}{2}} \cos^2 \frac{x}{2} dx$.

解
$$\int_0^{\frac{\pi}{2}} \cos^2 \frac{x}{2} dx = \left[\int \cos^2 \frac{x}{2} dx \right]_0^{\frac{\pi}{2}}$$
$$= \left[\int \frac{1 + \cos x}{2} dx \right]_0^{\frac{\pi}{2}}$$
$$= \left[\frac{1}{2} \int dx + \frac{1}{2} \int \cos x \, dx \right]_0^{\frac{\pi}{2}}$$
$$= \frac{\pi}{4} + \frac{1}{2}$$

习 题 6.2

计算下列定积分：

1. $\int_{-2}^1 x^2 |x| \, dx$;

2. $\int_1^4 \frac{x^2 - x + 1}{\sqrt{x}} dx$;

3. $\int_0^1 \dfrac{2}{1+x^2}\mathrm{d}x$;

4. $\int_{-1}^0 \dfrac{3x^4+3x^2+1}{x^2+1}\mathrm{d}x$;

5. $\int_1^2 \left(x^2+\dfrac{1}{x}\right)\mathrm{d}x$;

6. $\int_0^{\frac{\pi}{2}} |\sin x-\cos x|\,\mathrm{d}x$;

7. $\int_0^1 \dfrac{\mathrm{d}x}{\sqrt{1-x^2}}$;

8. $\int_{\frac{\pi}{6}}^{\frac{\pi}{3}} \dfrac{1}{\sin^2 x\cos^2 x}\mathrm{d}x$;

9. $\int_0^1 2\mathrm{e}^x\,\mathrm{d}x$;

10. $\int_0^1 (2x-5)\mathrm{d}x$;

11. $\int_{-\pi}^{\pi} \sin x\,\mathrm{d}x$;

12. $\int_1^4 \sqrt{x}\,\mathrm{d}x$;

13. $\int_1^{\sqrt{3}} \dfrac{1+2x^2}{x^2(1+x^2)}\mathrm{d}x$;

14. $\int_0^{\pi} \sqrt{1+\cos 2x}\,\mathrm{d}x$;

15. $\int_1^3 (3x^2-x+1)\mathrm{d}x$;

16. $\int_1^2 \left(x+\dfrac{1}{x}\right)^2\mathrm{d}x$;

17. $\int_{-1}^2 |2-x|\,\mathrm{d}x$.

6.3 定积分的换元积分法与分部积分法

前面讨论了利用牛顿-莱布尼茨公式把定积分转化为不定积分来计算的问题. 而不定积分的求法,我们已经知道有直接积分法、换元积分法、分部积分法,它们都可以应用到定积分的计算中去. 但换元积分时,变量要回代之后才能应用牛顿-莱布尼茨公式,有时候很不方便. 为此,我们有必要再讲一讲定积分的换元积分法和定积分的分步积分法.

6.3.1 定积分的换元积分法

定理 6.2 设函数 $f(u)$ 在 $[a,b]$ 上连续,令 $u=\varphi(x)$. 如果
(1) $\varphi(x)$ 在区间 $[\alpha,\beta]$ 上有连续的导数 $\varphi'(x)$,
(2) 当 x 从 α 变化到 β 时,$\varphi(x)$ 单调地从 $\varphi(\alpha)=a$ 变化到 $\varphi(\beta)=b$,
则

$$\int_a^b f(u)\,\mathrm{d}u = \int_\alpha^\beta f[\varphi(x)]\varphi'(x)\,\mathrm{d}x$$

(证明从略)

该定理有两种应用的形式:

第一形式是从右边到左边,即求 $\int_\alpha^\beta f[\varphi(x)]\varphi'(x)\,\mathrm{d}x$ 形式的积分. 通过令 $u=\varphi(x)$ 且 x 由 α 变化到 β 时,u 单调地由 a 变化到 b,则 $\int_\alpha^\beta f[\varphi(x)]\varphi'(x)\,\mathrm{d}x = \int_a^b f(u)\,\mathrm{d}u$,而 $\int_a^b f(u)\,\mathrm{d}u$ 可以直接积分.

例 6.3.1 求 $\int_0^1 (2x-1)^3\,\mathrm{d}x$.

解 令 $u=\varphi(x)=2x-1$, $u'=\varphi'(x)=2$. 当 x 由 0 变化到 1 时,u 单调地由 -1 变化到 1,所以

$$\int_0^1 (2x-1)^3 \, dx = \frac{1}{2}\int_0^1 (2x-1)^3 \cdot 2dx$$

$$= \frac{1}{2}\int_0^1 (2x-1)^3 \cdot (2x-1)' dx$$

$$= \frac{1}{2}\int_{-1}^1 u^3 \, du$$

$$= \frac{1}{8} u^4 \Big|_{-1}^1 = 0$$

例 6.3.2 求 $\int_0^{\frac{\pi}{2}} \cos^2 x \sin x \, dx$.

解 令 $u = \varphi(x) = \cos x$, $u' = \varphi'(x) = -\sin x$. 当 x 由 0 变化到 $\frac{\pi}{2}$ 时, u 单调地由 1 变化到 0, 所以

$$\int_0^{\frac{\pi}{2}} \cos^2 x \sin x \, dx = -\int_0^{\frac{\pi}{2}} (\cos x)^2 \cdot (\cos x)' dx$$

$$= -\int_1^0 u^2 \, du$$

$$= \frac{1}{3} u^3 \Big|_0^1$$

$$= \frac{1}{3}$$

第二形式是从左边到右边, 即求 $\int_a^b f(u) \, du$ 形式的积分. 通过令 $u = \varphi(x)$, 且 u 由 a 变化到 b 时, x 单调地由 α 变化到 β, 转化为求 $\int_\alpha^\beta f[\varphi(x)]\varphi'(x) \, dx$, 而它可以直接积分.

例 6.3.3 求定积分 $\int_{-1}^0 x\sqrt{1+x^2} \, du$.

解 令 $x = \tan t$, $\sqrt{1+x^2} = \sec t$, $dx = \sec^2 t \, dt$. x 由 -1 变化到 0 时, t 由 $-\frac{\pi}{4}$ 变化到 0, 所以

$$\int_{-1}^0 x\sqrt{1+x^2} \, dx = \int_{-\frac{\pi}{4}}^0 \tan t \cdot \sec t \cdot \sec^2 t \, dt$$

$$= \int_{-\frac{\pi}{4}}^0 \sec^2 t (\sec t)' \, dt$$

$$= \int_{-\frac{\pi}{4}}^0 \sec^2 t \, d\sec t$$

$$= \frac{1}{3}(\sec t)^3 \Big|_{-\frac{\pi}{4}}^0$$

$$= \frac{1-2\sqrt{2}}{3}$$

注: (1) 本节的定理中, 结论等式的积分变量可以换成其他字母, 但等式左、右边的积分变量要尽可能不同, 以免混淆.

(2) 从以上 3 个例题,我们可以看到积分变量代换之后,通过相应积分区间的变化就可以直接利用牛顿-莱布尼茨公式,而不需要变量的回代.

利用定积分的换元法,我们可以证明如下结论,它在简化定积分的计算中有重要的用途.

定理 6.3 设 $f(x)$ 在 $[-a, a]$ 上连续,那么

(1) 当 $f(x)$ 是奇函数时,$\int_{-a}^{a} f(x)\mathrm{d}x = 0$;

(2) 当 $f(x)$ 是偶函数时,$\int_{-a}^{a} f(x)\mathrm{d}x = 2\int_{0}^{a} f(x)\mathrm{d}x$.

证 $\int_{-a}^{a} f(x)\mathrm{d}x = \int_{-a}^{0} f(x)\mathrm{d}x + \int_{0}^{a} f(x)\mathrm{d}x$

对上面等式右边第一个积分作变量代换:

令 $x = -t$,则 $\mathrm{d}x = -\mathrm{d}t$,且当 x 由 $-a$ 变化到 0 时,t 单调地由 a 变化到 0. 因此

(1) 当 $f(x)$ 是奇函数时,$f(-x) = -f(x)$,则

$$\int_{-a}^{0} f(x)\mathrm{d}x = \int_{a}^{0} f(-t) \cdot (-1)\mathrm{d}t$$
$$= -\int_{a}^{0} f(-t)\mathrm{d}t = \int_{a}^{0} f(t)\mathrm{d}t$$
$$= -\int_{0}^{a} f(t)\mathrm{d}t = -\int_{0}^{a} f(x)\mathrm{d}x$$

故

$$\int_{-a}^{a} f(x)\mathrm{d}x = -\int_{0}^{a} f(x)\mathrm{d}x + \int_{0}^{a} f(x)\mathrm{d}x = 0$$

(2) 当 $f(x)$ 是偶函数时,$f(-x) = f(x)$,则

$$\int_{-a}^{0} f(x)\mathrm{d}x = \int_{a}^{0} f(-t) \cdot (-1)\mathrm{d}t$$
$$= -\int_{a}^{0} f(-t)\mathrm{d}t = -\int_{a}^{0} f(t)\mathrm{d}t$$
$$= \int_{0}^{a} f(t)\mathrm{d}t = \int_{0}^{a} f(x)\mathrm{d}x$$

故

$$\int_{-a}^{a} f(x)\mathrm{d}x = \int_{0}^{a} f(x)\mathrm{d}x + \int_{0}^{a} f(x)\mathrm{d}x$$
$$= 2\int_{0}^{a} f(x)\mathrm{d}x$$

例 6.3.4 求 $\int_{-2}^{2} \dfrac{x^3 + x^2}{x^2 + 1}\mathrm{d}x$.

解 $\int_{-2}^{2} \left(\dfrac{x^3}{x^2 + 1} + \dfrac{x^2}{x^2 + 1}\right)\mathrm{d}x = \int_{-2}^{2} \dfrac{x^3}{x^2 + 1}\mathrm{d}x + \int_{-2}^{2} \dfrac{x^2}{x^2 + 1}\mathrm{d}x$

$$= 0 + 2\int_{0}^{2} \dfrac{x^2}{x^2 + 1}\mathrm{d}x$$

$$= 2\int_0^2 \frac{x^2+1-1}{x^2+1}\mathrm{d}x$$

$$= 2\int_0^2 \mathrm{d}x - 2\int_0^2 \frac{\mathrm{d}x}{1+x^2}$$

$$= 4 - 2\arctan x \Big|_0^2 = 4 - 2\arctan 2$$

6.3.2 定积分的分部积分法

定理 6.4 设函数 $u = u(x)$，$v = v(x)$ 在区间 $[a, b]$ 上都有连续的导数，则

$$\int_a^b u(x)v'(x)\mathrm{d}x = u(x)v(x) \Big|_a^b - \int_a^b v(x)u'(x)\mathrm{d}x$$

或写成

$$\int_a^b uv'\mathrm{d}x = uv \Big|_a^b - \int_a^b vu'\mathrm{d}x$$

简单记作

$$\int_a^b u\mathrm{d}v = uv \Big|_a^b - \int_a^b v\mathrm{d}u$$

这就是定积分的分部积分公式（证明从略）.

例 6.3.5 求定积分 $\int_1^e x \ln x \mathrm{d}x$.

解 此题中 $u = u(x) = \ln x$，$\mathrm{d}v = x\mathrm{d}x = \frac{1}{2}\mathrm{d}x^2$，$v = x^2$，$\mathrm{d}u = \mathrm{d}\ln x = \frac{1}{x}\mathrm{d}x$

则

$$\int_1^e x \ln x \mathrm{d}x = \frac{1}{2}\int_1^e \ln x \mathrm{d}x^2$$

$$= \frac{1}{2}\left(x^2 \ln x \Big|_1^e - \int_1^e x^2 \mathrm{d}\ln x \right)$$

$$= \frac{1}{2}\left(\mathrm{e}^2 - \int_1^e x^2 \cdot \frac{1}{x}\mathrm{d}x \right)$$

$$= \frac{1}{2}\left(\mathrm{e}^2 - \frac{1}{2}x^2 \Big|_1^e \right)$$

$$= \frac{\mathrm{e}^2+1}{4}$$

例 6.3.6 求定积分 $\int_0^1 x\mathrm{e}^{3x}\mathrm{d}x$.

解 此题中，$u = u(x) = x$，$\mathrm{d}v = \mathrm{e}^{3x}\mathrm{d}x = \frac{1}{3}\mathrm{d}\mathrm{e}^{3x}$，$\mathrm{d}u = \mathrm{d}x$，$v = \mathrm{e}^{3x}$

则

$$\int_0^1 x\mathrm{e}^{3x}\mathrm{d}x = \frac{1}{3}\int_0^1 x\mathrm{d}\mathrm{e}^{3x}$$

$$= \frac{1}{3}\left(x\mathrm{e}^{3x} \Big|_0^1 - \int_0^1 \mathrm{e}^{3x}\mathrm{d}x \right)$$

$$= \frac{1}{3}\left(e^3 - \frac{1}{3}\int_0^1 e^{3x}\mathrm{d}3x\right)$$

$$= \frac{1}{3}\left(e^3 - \frac{1}{3}e^{3x}\,\Big|_0^1\right)$$

$$= \frac{2}{9}e^3 + \frac{1}{9}$$

习　题　6.3

1. 利用定积分的换元积分公式求下列定积分：

(1) $\displaystyle\int_{\frac{1}{e}}^{e} \frac{(\ln x)^2}{x}\mathrm{d}x$；

(2) $\displaystyle\int_0^1 \frac{e^x}{1+e^x}\mathrm{d}x$；

(3) $\displaystyle\int_0^{\frac{\pi}{2}} \sin^2 x\,\mathrm{d}x$；

(4) $\displaystyle\int_1^2 \frac{1}{x^2}e^{-\frac{1}{x}}\mathrm{d}x$；

(5) $\displaystyle\int_1^3 \frac{2x}{\sqrt{x}(1+x)}\mathrm{d}x$；

(6) $\displaystyle\int_{-3}^{-1} \frac{\mathrm{d}x}{x^2+4x+5}$；

(7) $\displaystyle\int_0^1 x(1+x^2)^3\,\mathrm{d}x$；

(8) $\displaystyle\int_0^{\pi} (2-\sin^3 x)\mathrm{d}x$；

(9) $\displaystyle\int_0^1 \frac{e^x}{1+e^{2x}}\mathrm{d}x$；

(10) $\displaystyle\int_1^e \frac{1+5\ln x}{x}\mathrm{d}x$.

2. 利用定积分的分部积分公式求下列定积分：

(1) $\displaystyle\int_0^{\pi} x\sin x\,\mathrm{d}x$；

(2) $\displaystyle\int_1^e \ln x\,\mathrm{d}x$；

(3) $\displaystyle\int_0^{\sqrt{3}} \arctan x\,\mathrm{d}x$；

(4) $\displaystyle\int_0^{\pi} e^x\sin 2x\,\mathrm{d}x$；

(5) $\displaystyle\int_0^1 x^2 e^{-x}\,\mathrm{d}x$；

(6) $\displaystyle\int_0^{\frac{\pi}{2}} x\cos x\,\mathrm{d}x$；

(7) $\displaystyle\int_{\frac{1}{e}}^e |\ln x|\,\mathrm{d}x$；

(8) $\displaystyle\int_0^1 e^{\sqrt{x}}\,\mathrm{d}x$.

3. 利用定积分的换元积分公式求下列定积分：

(1) $\displaystyle\int_4^9 \frac{\sqrt{x}}{\sqrt{x}-1}\mathrm{d}x$；

(2) $\displaystyle\int_1^{\sqrt{3}} \frac{1}{x^3\,\sqrt{1+x^2}}\mathrm{d}x$.

4. 利用函数的奇偶性求下列定积分：

(1) $\displaystyle\int_{-1}^1 xe^{x^2}\,\mathrm{d}x$；

(2) $\displaystyle\int_{-2}^2 \ln(x+\sqrt{1+x^2})\mathrm{d}x$.

6.4　无穷区间上的广义积分

6.4.1　变上限的定积分

　　上面讨论定积分 $\displaystyle\int_a^b f(x)\mathrm{d}x$ 时，积分限 a 和 b 是常数，如果对于区间$[a,x]$上的任意实

数$x, f(x)$ 在$[a,x]$上可积，即 $\displaystyle\int_a^x f(t)\mathrm{d}t$ 存在，则当 x 取$[a,b]$上任意一个值时，有唯一确定

的值与 $\int_a^x f(t)\mathrm{d}t$ 对应. 可见 $\int_a^x f(t)\mathrm{d}t$ 是变上限 x 的一个函数, 记作 $\Phi(x)$, 称为积分变上限的函数. 其几何意义如图 6.4 所示.

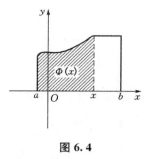

图 6.4

例 6.4.1 设某产品总产量对时间的变化率(单位:t/h)为

$$f(t) = 100 + 10t - 0.45t^2$$

求总产量函数 $Q(t)$.

解 总产量 $Q(t)$ 是指在时间段 $[0, t]$ 内的生产总量, 由定积分的定义知道:

$$Q(t) = \int_0^t f(x)\mathrm{d}x = \int_0^t (100 + 10x - 0.45x^2)\mathrm{d}x$$

$$= (100x + 5x^2 - 0.15x^3)\Big|_0^t$$

$$= 100t + 5t^2 - 0.15t^3$$

6.4.2 无穷区间上的广义积分

例 6.4.2 设某商品的边际收入 $R'(q) = 10\,000\mathrm{e}^{-0.5q}$, 求销量为 q 时的总收入 $R(q)$, 并讨论当 $q \to +\infty$ 时, 总收入 $R(q)$ 的变化趋势.

解 由边际收入 $R'(q)$ 的定义知, 销量为 q 时的总收入

$$R(q) = \int_0^q R'(u)\mathrm{d}u = \int_0^q 10\,000\mathrm{e}^{-0.5u}\mathrm{d}u$$

$$= (-20\,000\mathrm{e}^{-0.5u})\Big|_0^q$$

$$= 20\,000 - 20\,000\mathrm{e}^{-0.5q}$$

当 $q \to +\infty$ 时, $R(q) \to 20\,000$, 即

$$\lim_{q \to +\infty} R(q) = \lim_{q \to +\infty} \int_0^q 10\,000\mathrm{e}^{-0.5u}\mathrm{d}u = 20\,000$$

这个例子最后一式的实质是积分变上限函数 $R(q) = \int_0^q 10\,000\mathrm{e}^{-0.5u}\mathrm{d}u$ 当上限变量 q 趋向 $+\infty$ 时的极限问题. 而我们经常在经济分析中遇到类似的问题, 因此, 我们给出无穷区间上的广义积分的概念如下.

定义 6.2 设函数 $f(x)$ 在区间 $[a, +\infty)$ 上连续, 如果定积分 $\int_a^b f(x)\mathrm{d}x$ $(a < b)$ 当 $b \to +\infty$ 时极限存在, 则此极限值被称为函数 $f(x)$ 在无穷区间 $[a, +\infty)$ 上的广义积分, 记作 $\int_a^{+\infty} f(x)\mathrm{d}x$.

即 $\lim\limits_{b \to +\infty} \int_a^b f(x)\mathrm{d}x$ 存在时, $\int_a^{+\infty} f(x)\mathrm{d}x = \lim\limits_{b \to +\infty} \int_a^b f(x)\mathrm{d}x$, 也称 $\int_a^{+\infty} f(x)\mathrm{d}x$ 收敛; $\lim\limits_{b \to +\infty} \int_a^b f(x)\mathrm{d}x$ 不存在时, 称 $\int_a^{+\infty} f(x)\mathrm{d}x$ 发散.

同样可以定义积分下限为负无穷大或上限与下限都为无穷大的广义积分, 它们分别为

$$\int_{-\infty}^{b} f(x)\mathrm{d}x = \lim_{a \to -\infty} \int_{a}^{b} f(x)\mathrm{d}x$$

$$\int_{-\infty}^{+\infty} f(x)\mathrm{d}x = \int_{-\infty}^{c} f(x)\mathrm{d}x + \int_{c}^{+\infty} f(x)\mathrm{d}x \qquad (c \text{ 为任意实数})$$

例 6.4.3 求广义积分 $\displaystyle\int_{e}^{+\infty} \frac{\ln x}{x}\mathrm{d}x$.

解 由定义知

$$\begin{aligned}
\int_{e}^{+\infty} \frac{\ln x}{x}\mathrm{d}x &= \lim_{b \to +\infty} \int_{e}^{b} \frac{\ln x}{x}\mathrm{d}x \\
&= \lim_{b \to +\infty} \int_{e}^{b} \ln x \mathrm{d}\ln x \\
&= \lim_{b \to +\infty} \frac{1}{2}(\ln x)^2 \Big|_{e}^{b} \\
&= \lim_{b \to +\infty} \frac{1}{2}(\ln b)^2 - \frac{1}{2} \\
&= \infty
\end{aligned}$$

因此该积分发散.

例 6.4.4 求广义积分 $\displaystyle\int_{-\infty}^{+\infty} \frac{1}{x^2 + 2x + 2}\mathrm{d}x$.

解 取 $c = 0$,有

$$\begin{aligned}
\int_{-\infty}^{+\infty} \frac{1}{x^2 + 2x + 2}\mathrm{d}x &= \int_{-\infty}^{0} \frac{1}{x^2 + 2x + 2}\mathrm{d}x + \int_{0}^{+\infty} \frac{\mathrm{d}x}{x^2 + 2x + 2} \\
&= \lim_{a \to -\infty} \int_{a}^{0} \frac{\mathrm{d}x}{x^2 + 2x + 2} + \lim_{b \to +\infty} \int_{0}^{b} \frac{\mathrm{d}x}{x^2 + 2x + 2} \\
&= \lim_{a \to -\infty} \int_{a}^{0} \frac{\mathrm{d}x}{1 + (x+1)^2} + \lim_{b \to +\infty} \int_{0}^{b} \frac{\mathrm{d}x}{1 + (x+1)^2} \\
&= \lim_{a \to -\infty} \int_{a}^{0} \frac{\mathrm{d}(x+1)}{1 + (x+1)^2} + \lim_{b \to +\infty} \int_{0}^{b} \frac{\mathrm{d}(x+1)}{1 + (x+1)^2} \\
&= -\lim_{a \to -\infty} \arctan(x+1) \Big|_{0}^{a} + \lim_{b \to +\infty} \arctan(x+1) \Big|_{0}^{b} \\
&= -\lim_{a \to -\infty} \arctan(a+1) + \frac{\pi}{4} + \lim_{b \to +\infty} \arctan(b+1) - \frac{\pi}{4} \\
&= \pi
\end{aligned}$$

习 题 6.4

1. 求下列广义积分:

    (1) $\displaystyle\int_{0}^{+\infty} \frac{x}{1 + x^2}\mathrm{d}x$;

    (2) $\displaystyle\int_{\frac{2}{\pi}}^{+\infty} \frac{1}{x^2}\sin\frac{1}{x}\mathrm{d}x$;

    (3) $\displaystyle\int_{0}^{+\infty} \mathrm{e}^{-2x}$;

    (4) $\displaystyle\int_{-\infty}^{0} \cos x \, \mathrm{d}x$;

(5) $\displaystyle\int_0^{+\infty} e^{-\sqrt{x}} dx$;   (6) $\displaystyle\int_{-\infty}^0 x e^x dx$.

2. 某商品售卖 x 件时的边际收入 $R'(x) = 150 + 3x$（元）.

    （1）求售卖 50 件该商品的总收入及平均收入;

    （2）求再售卖 20 件该商品所增加的收入.

6.5 定积分在经济分析中的应用

6.5.1 由边际函数求原经济函数

由前面导数在经济分析中的应用的讨论知道,对一已知经济函数 $F(x)$（如总成本函数 $C(q)$,需求函数 $Q(p)$,总收入函数 $R(q)$ 和利润函数 $L(q)$ 等）,它的边际函数就是它的导数 $F'(x)$. 作为导数的逆运算,若对已知的边际函数 $F'(x)$,求定积分 $\displaystyle\int_0^x F'(u) du = F(x) - F(0)$ 可以求得原经济函数. 即

$$F(x) = \int_0^x F'(u) du + F(0) \qquad \text{（其中 } F(0) \text{ 为 } x \text{ 等于是 } 0 \text{ 的初始状态,是已知的数）}$$

下面分几种情况讨论.

（1）需求函数

由第一章讨论知道,需求量 Q 是价格 p 的函数,即 $Q = Q(p)$,并且在 $p = 0$ 时,需求量最大,即 $Q(0) = Q(p)\,|_{p=0}$,则

$$Q(p) = \int_0^p Q'(u) du + Q(0)$$

例 6.5.1 已知某商品的需求量是价格 p 的函数,且边际需求为 $Q'(p) = -5$,该商品的最大需求量为 $Q_0 = Q(0) = 200$,求需求量与价格的函数关系.

解 $Q(p) = \displaystyle\int_0^p (-5) du + 200 = -5u \Big|_0^p + 200 = 200 - 5p$

（2）总成本函数

设产量为 q 时的边际成本为 $C'(q)$,固定成本 $C_0 = C(0)$,则产量为 q 时的总成本为

$$C(q) = \int_0^q C'(u) du + C(0)$$

例 6.5.2 设某企业生产某种产品的边际成本函数 $C'(q) = 40 - 3q$,固定成本为 80,求总成本函数.

解 $C(q) = \displaystyle\int_0^q C'(q) dq + C(0)$

$$= \int_0^q (40 - 3q) dq + C(0)$$

$$= \left(40q - \frac{3}{2}q^2\right)\Big|_0^q + 80$$

$$= 40q - \frac{3}{2}q^2 + 80$$

（3）总收入函数

设销量为 q 时的边际收入为 $R'(q)$，则销量为 q 时的总收入为 $R(q) = \int_0^q R'(u)\mathrm{d}u + R(0)$，显然，$R(0) = 0$，所以

$$R(q) = \int_0^q R'(u)\mathrm{d}u$$

例 6.5.3 已知销售某种产品 q 单位时的边际收入为 $R'(q) = (200 - 4q)$（元），求生产 30 个单位产品时的总收入及平均收入，并求再增加生产 10 个单位时所增加的总收入.

解 由公式 $R(q) = \int_0^q R'(u)\mathrm{d}u$ 直接求得

$$R(30) = \int_0^{30} R'(u)\mathrm{d}u = \int_0^{30} (200 - 4u)\mathrm{d}u$$
$$= (200u - 2u^2)\Big|_0^{30} = 4\,200(\text{元})$$

平均收入

$$\overline{R}(q) = \frac{R(30)}{30} = \frac{4\,200}{30} = 140(\text{元})$$

在生产 30 单位后再生产 10 个单位所增加的总收入为

$$\Delta R = R(40) - R(30)$$
$$= \int_{30}^{40} R'(q)\mathrm{d}q = \int_{30}^{40} (200 - 4q)\mathrm{d}q$$
$$= (200q - 2q^2)\Big|_{30}^{40} = 600(\text{元})$$

（4）利润函数

设某产品边际收入为 $R'(q)$，边际成本为 $C'(q)$，则总收入 $R(q) = \int_0^q R'(u)\mathrm{d}u$，总成本为 $C(q) = \int_0^q C'(u)\mathrm{d}u + C(0)$（其中 $C(0)$ 为固定成本），则

边际利润为

$$L'(q) = R'(q) - C'(q)$$

利润为

$$L(q) = R(q) - C(q)$$
$$= \int_0^q R'(u)\mathrm{d}u - \left[\int_0^q C'(u)\mathrm{d}u + C(0)\right]$$
$$= \int_0^q [R'(u) - C'(u)]\mathrm{d}u - C(0)$$

即

$$L(q) = \int_0^q L'(u)\mathrm{d}u - C(0)$$

其中,$\int_0^q L'(u)\mathrm{d}u$ 为产销量为 q 时的毛利润.毛利润减去固定成本 $C(0)$ 即为纯利润.

例 6.5.4 某企业生产某种产品 q 件时,边际收入为 $R'(q) = 120 - 3q$,边际成本为 $C'(q) = 10 + 2q$,固定成本为 2,求当产销量 $q = 5$ 时的纯利润.

解 由边际利润

$$L'(q) = R'(q) - C'(q) = (120 - 3q) - (10 + 2q) = 110 - 5q$$

当 $q = 5$ 时的纯利润

$$
\begin{aligned}
L(5) &= \int_0^5 L'(q)\mathrm{d}q = C(0) \\
&= \int_0^5 (110 - 5q)\mathrm{d}q - C(0) \\
&= \left(110q - \frac{5}{2}q^2\right)\Big|_0^5 - 2 \\
&= 485.5
\end{aligned}
$$

6.5.2 边际函数求最优化问题

结合第 4 章求函数极值的方法,我们还可以通过边际函数求经济问题的最优解.

例 6.5.5 某企业生产 q t 产品时的边际成本为

$$C'(q) = \frac{1}{40}q + 20$$

且固定成本为 2 000 元.试求产量为多少时平均成本最低?

解 由公式知,总成本为

$$
\begin{aligned}
C(q) &= \int_0^q C'(u)\mathrm{d}u + C(0) \\
&= \int_0^q \left(\frac{1}{40}u + 20\right)\mathrm{d}u + 2\,000 \\
&= \left(\frac{1}{80}u^2 + 20u\right)\Big|_0^q + 2\,000 \\
&= \frac{1}{80}q^2 + 20q + 2\,000
\end{aligned}
$$

平均成本为

$$\overline{C}(q) = \frac{C(q)}{q} = \frac{1}{80}q + 20 + \frac{2\,000}{q}$$

$$\overline{C}'(q) = \frac{1}{80} - \frac{2\,000}{q^2}$$

令 $\overline{C}'(q) = 0$,得 $q_1 = 400$($q_2 = -400$ 舍去).

因为 $\overline{C}(q)$ 仅有一个驻点 $q = 400$,再有实际问题本身可知 $\overline{C}(q)$ 有最小值,故当产量为 $q = 400$ t 时,平均成本最低.

习 题 6.5

1. 已知边际收益函数 $R'(q) = 10 - 0.02q$，求总收益函数和平均收益函数.

2. 某商品需求量 Q 是价格 p 的函数，最大需求量为 2 000(单位)，且边际需求为 $Q'(p) = -\dfrac{50}{p+1}$，试求需求与价格的函数关系.

3. 已知某产品的边际成本函数为 $C'(q) = 4q - 3$，q 为产量，固定成本为 20，求

(1) 生产了 20 个单位的总成本；

(2) 再生产 10 个单位又将增加多少成本.

4. 某产品边际成本函数 $C'(x) = 2$(万元)，固定成本为 $C(0) = 0$，边际收益函数为 $R'(x) = 12 - 0.02x$(万元)，求产量 x 为多少时，利润最大?

5. 已知某产品产量 $F(t)$ 的变化率是时间 t 的函数：

$$f(t) = at^2 + bt + c \qquad (a, b, c \text{ 都是常数})$$

求 $F(0) = 0$ 时产量与时间的函数关系 $F(t)$.

6. 设生产某产品的边际成本函数 $C'(x) = 30$(万元) 其中产量为 x 万件，固定成本为 20 万元，边际收益函数为 $R'(x) = 150 - 2x$(万元)，求 $x = 10$ 万件时的纯利润.

7 多元函数微分学

微积分在中国

牛顿与莱布尼茨的时代,大约与清康熙年间处于同一时代.康熙大帝一生勤奋好学,他虽喜欢西方数学,向传教士学过欧氏几何、三角测量等,但从未接触过微积分,而那些传教士恐怕还不懂这门学问,这是当时的情况.

第一部微积分著作的中译本迟至 1859 年才问世,这就是李善兰(1811—1882)和伟列亚力(Alexande Wylie,1815—1887)合译的《代数积拾级》一书,原书为美国罗密士(Eliao Loomis)所写的 Analytical Geometry and Calculs,译名中的"代"指代数几何,即现在的解析几何.序中说"康熙时,西国莱本之(即莱布尼茨)、奈端(即牛顿)二家又创微分、积分二术,……凡线面体皆设由小到大,一刹那中所增之积,即微分也,其全积即积分也".此书于 1859 年 5 月 10 日由上海墨海书馆印行,那时上海还没有发电厂,是用牛作动力来带动印刷机印成的.

微分、积分等名词由李善兰首译,不仅十分恰当,而且还传至东邻日本,以致中日两国的微积分名词多有相同.李善兰是京师同文馆的首任算学总教习,是晚清我国最杰出的数学家.

我国普及西算,约在辛亥革命前后."五四"运动之后,全国各地纷纷创办数学系,微积分才作为大学课程普遍开设.

中国现代数学的研究起步很晚,落后于西方约两百余年.但是从 20 世纪 20 年代起,研究水平提高很快.我国第一个数学博士胡明复(1891—1927),以《线性微积分方程》的论文,于 1917 年在哈佛大学通过博士论文答辩.又如陈建功(1893—1970)在《东京帝国学士院进展》(Proc. Imp. Acad. Tokyo. 1928)上发表论文《关于具有绝对收敛傅立叶级数的函数类》,其结果与英国大数学家哈代(Hardy)、李德伍德(Littewood)的结果相同,是为国际水平的分析学研究之始.熊庆来(1893—1969)在亚纯函数论的研究上有杰出成就,被欧洲数学家誉为熊氏无穷级理论.

新中国成立以后,微积分教育更加普及,研究水平也不断提高,在若干项目上,已居于学科领先水平.此外,微积分教学从 20 世纪末已开始进入我国中学.它作为人类文明的宝贵财富,正在武装一代又一代人,它那闪耀着智慧光芒的深刻思想,一定会哺育人类走向更高的历史文明.

在经济分析领域内,我们常常会遇到依赖于两个或更多个自变量的函数,这种函数统称为多元函数.本章将在一元函数的微分学基础上,介绍多元函数的概念及多元函数的微分概念和它们在经济分析中的应用,为了节约篇幅和够用原则,我们主要讲解二元函数的微分方法和其应用.

7.1 空间解析几何简介

7.1.1 空间直角坐标系

为了确定空间一点的位置,我们常常建立所谓的空间直角坐标系作为参照系.

从空间某一点 O,引三条两两互相垂直的直线 Ox、Oy、Oz 分别称为 x 轴(横轴)、y 轴(纵轴)、z 轴(竖轴),统称为坐标轴.三个坐标轴的交点即 O 称为坐标原点,三个坐标轴的方向符合右手法则(如图 7.1).且习惯上 x 轴和 y 轴在水平面上,z 轴为铅垂线,再规定一个长度单位,这就构成了如图 7.1 的直角坐标系,记作 O-xyz.

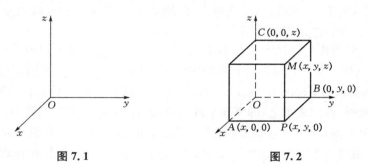

图 7.1   图 7.2

在直角坐标系中,由两条坐标轴确定的平面称为坐标平面.如由 x 轴和 y 轴确定的坐标平面,记作 xOy 平面,还有其他两个坐标平面 yOz 平面和 xOy 平面.三个坐标平面将空间划分为八个部分,这八个部分称为八个卦限,分别为第一卦限到第八卦限.

设 M 为空间一点,依图 7.2 所示的方法建立了该点与三个有序实数 (x,y,z) 的一一对应关系,并称为 x 为点 M 的横坐标,y 称为点 M 的纵坐标,z 称为点 M 的竖坐标,记作 $M(x,y,z)$.

通常,坐标面与坐标轴上的点不属于卦限,这些点的坐标为:原点 $(0,0,0)$;横轴上的点 $(x,0,0)$,纵轴上的点 $(0,y,0)$,竖轴上的点 $(0,0,z)$;坐标平面 xOy 平面上的点 $(x,y,0)$,xOz 平面上的点 $(x,0,z)$,yOz 平面上的点 $(0,y,z)$.

7.1.2 空间两点之间的距离

有了空间直角坐标系及点的坐标,可以推导出空间任意两点之间的距离公式.

设 $M_1(x_1,y_1,z_1)$,$M_2(x_2,y_2,z_2)$ 为空间任意两点,过 M_1、M_2 各作 3 个分别与 3 个坐标平面平行的平面,这 6 个平面构成一个以线段 M_1M_2 为对角线的长方体,3 条棱分列为 $|M_1A|$、$|AB|$、$|M_2B|$,如图 7.3 所示. 而且

$$|M_1A| = |x_2 - x_1|$$
$$|AB| = |y_2 - y_1|$$
$$|M_2B| = |z_2 - z_1|$$

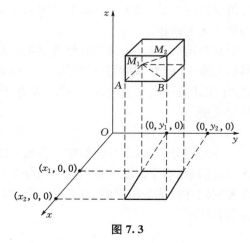

图 7.3

138

由勾股定理,有

$$|M_1M_2|^2 = |M_1B|^2 + |M_2B|^2$$
$$= |M_1A|^2 + |AB|^2 + |M_2B|^2$$
$$= (x_2 - x_1)^2 + (y_2 - y_1)^2 + (z_2 - z_1)^2$$

于是,得到两点之间的距离公式为

$$d = |M_1M_2| = \sqrt{(x_2 - x_1)^2 + (y_2 - y_1)^2 + (z_2 - z_1)^2}$$

例 7.1.1 在 y 轴上求与点 $A(1,-3,7)$ 和点 $B(5,7,-5)$ 等距离的点.

解 设所求点的坐标 $C(0,y,0)$.

依题意有 $|AC| = |BC|$,即

$$|AC| = \sqrt{(1-0)^2 + (y+3)^2 + (7-0)^2}$$
$$= \sqrt{y^2 + 6y + 59}$$
$$|BC| = \sqrt{(5-0)^2 + (7-y)^2 + (5+0)^2}$$
$$= \sqrt{y^2 - 14y + 99}$$

解得 $y=2$,故所求点 C 的坐标为 $(0,2,0)$.

例 7.1.2 设点 $A(4,-7,1)$,$B(6,2,z)$ 间的距离为 $|AB|=11$,求点 B 的未知坐标 z.

解 依题意有

$$|AB| = \sqrt{(6-4)^2 + (2+7)^2 + (z-1)^2} = 11$$

解得 $z_1 = 7$,$z_2 = -5$

故点 B 的未知坐标 z 为 7 或 -5.

7.1.3 曲面与方程

在平面解析几何中,把平面曲线作为动点的轨迹,同样,在空间解析几何中,曲面也可以看作动点的轨迹. 因此,若曲面 S 与三元方程 $F(x,y,z)=0$ 有如下关系:

(1) 曲面 S 上的任一点坐标都满足方程 $F(x,y,z)=0$;

(2) 不在曲面 S 上的点都不满足方程 $F(x,y,z)=0$.

则称方程 $F(x,y,z)=0$ 是曲面 S 的方程,而曲面 S 称为方程 $F(x,y,z)=0$ 的曲面. 下面介绍一些常见的曲面方程.

例 7.1.3 设有两点 $A(3,0,1)$、$B(2,-1,-1)$,求线段 AB 的垂直平分面的方程.

解 设 $M(x,y,z)$ 为所求平面上的任意一点,依题意

$$|AM| = |BM|$$

所以

$$\sqrt{(x-3)^2 + (y-0)^2 + (z-1)^2} = \sqrt{(x-2)^2 + (y+1)^2 + (z+1)^2}$$

等式两边平方及化简得

$$x + y + 2z - 2 = 0.$$

由例 7.1.3 看出,两定点连线段的垂直平分面是一个三元一次方程. 由平面解析几何讨

论知道,平面上的直线方程是二元一次方程,反之二元一次方程所表示的是一条直线.而上面的平面是三元一次方程,反之是否也有三元一次方程是平面呢? 这个结论是正确的,在此不作证明.即

$$Ax + By + Cz + D = 0 \qquad (A, B, C \text{ 不全为零})$$

是一个平面的方程.

特别地:(1) 当 $D = 0$ 时,$Ax + By + Cz + D = 0$ 表示通过原点 O 的平面.

(2) 当 $A = 0$ 时,即 $By + Cz + D = 0$ 表示平行于 x 轴的平面;当 $B = 0$ 时,即 $Ax + Cz + D = 0$ 表示平行于 y 轴的平面;当 $C = 0$ 时,即 $Ax + By + D = 0$ 表示平行于 z 轴的平面.

(3) 当 $A = D = 0$ 时,即 $By + Cz = 0$ 表示经过 x 轴的平面;当 $B = D = 0$ 时,即 $Ax + Cz = 0$ 表示经过 y 轴的平面;当 $C = D = 0$ 时,即 $Ax + By = 0$ 表示经过 z 轴的平面.

(4) 当 $A = B = 0$ 时 $(C \neq 0)$,即 $z = -D/C$ 表示平行于坐标平面 xOy 的平面.

(5) $z = 0$ 表示坐标平面 xOy;$x = 0$ 表示坐标平面 yOz;$y = 0$ 表示坐标平面 xOz.

例 7.1.4 求球心在点 $P_0(x_0, y_0, z_0)$,半径为 R 的球面方程.

解 设 $P(x, y, z)$ 为球面上任意一点,依球面定义,有

$$| PP_0 | = R$$

而

$$| PP_0 | = \sqrt{(x - x_0)^2 + (y - y_0)^2 + (z - z_0)^2}$$

故

$$\sqrt{(x - x_0)^2 + (y - y_0)^2 + (z - z_0)^2} = R$$

即

$$(x - x_0)^2 + (y - y_0)^2 + (z - z_0)^2 = R^2$$

特例,球心在原点时,半径为 R 的球面方程为

$$x^2 + y^2 + z^2 = R^2$$

我们常常用所谓的平面截痕法来判断已知方程所表示的曲面.

例 7.1.5 判定方程 $z = x^2 + y^2$ 所表示的曲面.

解 首先用截痕法了解该曲面大致形状.因为 $z \geqslant 0$,所以图形位于 xOy 平面上方.

令 $x = 0$,即用 yOz 平面截曲面 $z = x^2 + y^2$,得交线方程 $z = y^2$,在 yOz 平面内为张口向上的抛物线;

令 $y = 0$,即用 xOz 平面截曲面 $z = x^2 + y^2$,得交线方程 $z = x^2$,在 xOz 平面内也为张口向上的抛物线;

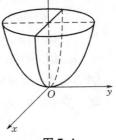

图 7.4

令 $z = c \ (c \geqslant 0)$ 即用一组平行于 xOy 平面的平面截曲面,$z = x^2 + y^2$,得交线方程 $x^2 + y^2 = c$,它在平面 $z = c$ 上表示圆心在点 $(0, 0, c)$,半径为 $\sqrt{c}$ 的圆.

由以上分析,曲面 $z = x^2 + y^2$ 如图 7.4 所示.

习 题 7.1

1. 求点 $P(1, 2, 2)$ 和点 $Q(-1, 0, 1)$ 的距离.

2. 在 x 轴上求一点,使它到点$(-3, 2, -2)$的距离为 3.

3. 求与两点 $A(1, -1, 0)$、$B(2, 0, -2)$ 距离相等的点的轨迹方程.

4. 在 z 轴上求一点,与两点 $A(-4, 1, 7)$、$B(3, 5, -2)$ 的距离相等.

5. 球面的中心为$(1, 3, -2)$且通过原点,求该球面方程.

6. 求 $x^2 + y^2 + z^2 - 2x + 4y + 2z = 0$ 的球心坐标及半径.

7.2 二元函数的概念

7.2.1 二元函数的定义

在经济活动中,一个变量的变化往往受多种因素制约. 例如:某厂生产甲、乙、丙三种产品,当月产量(单位:台)分别 x、y、z 时总成本为 $C = x^2 + 3xy + y^2 + 2xy - xyz + 2y^2$. 所以,我们经常要考虑某一个变化过程中,一个变量受其他变量的制约问题,为此给出二元函数的定义.

定义 7.1 设在某一变化过程中,有 3 个变量 x、y、z,若对于变量 x、y 的每一组值,按照某一确定的对应法则,变量 z 有唯一确定的值与之对应,则称变量 z 为变量 x、y 的二元函数,记作

$$z = f(x, y)$$

其中,变量 x、y 称为自变量,变量 z 称为因变量或函数.

类似地,可以定义三元及三元以上的函数. 自变量多于 1 个的函数统称为多元函数,本书只讲二元函数情况.

例 7.2.1 已知圆柱体的底面圆半径为 r,高为 l,求圆柱体体积 V 与底面圆半径和高的函数关系.

解 由圆柱体体积公式得

$$V = \pi r^2 l$$

由定义 7.1 知,将自变量 x、y 排序,使它们所取的值成为有序数组(x, y),这样,自变量的每一对值就对应 xOy 平面上的一个点 $P(x, y)$,因此,$z = f(x, y)$ 就是平面 xOy 上点 $P(x, y)$ 的函数. 当 P 为一定点 $P_0(x_0, y_0)$ 时,函数就有一定值 $z_0 = f(x_0, y_0)$ 与之对应,称为 P_0 点的函数值.

例 7.2.2 设函数 $z = f(x, y) = 2x^2 - 3y$,求 $f(1, -1)$.

解 $f(1, -1) = 2 \times 1^2 - 3 \times (-1) = 2 + 3 = 5$

7.2.2 二元函数的定义域及其几何意义

定义 7.2 xOy 平面上使函数 $z = f(x, y)$ 有意义的点的全体,称为函数 $f(x, y)$ 的定义域,记为 $D(f)$ 或 D.

一般情况下,二元函数的定义域是平面 xOy 上的一个区域.

例 7.2.3 求二元函数 $z = \ln(x + y)$ 的定义域,并在 xOy 平面上表示出来.

解 $x + y > 0$,即 $z = \ln(x + y)$ 的定义域为 $D(f) = \{(x + y) \mid x > -y\}$,如图 7.5 所示.

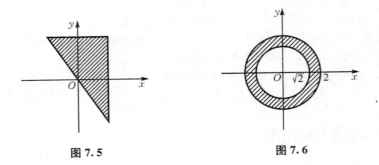

图 7.5

图 7.6

例 7.2.4 求函数 $z = \sqrt{4 - x^2 - y^2} + \ln(x^2 + y^2 - 2)$ 的定义域并在 xOy 平面上表示出来.

解 自变量 x，y 应满足 $\begin{cases} 4 - x^2 - y^2 \geqslant 0 \\ x^2 + y^2 - 2 > 0 \end{cases}$，即 $2 < x^2 + y^2 \leqslant 4$，定义域为 $\{(x, y) \mid 2 < x^2 + y^2 \leqslant 4\}$，如图 7.6 所示.

我们知道，一元函数 $y = f(x)$ 的几何图形是平面上的一条曲线，那么二元函数 $z = f(x, y)$ 的几何图形是什么呢？

对于二元函数 $z = f(x, y)$，其定义域为 xOy 平面上的一个平面区域，若 $P(x, y)$ 为定义域内任意一点，据 $z = f(x, y)$，在空间有点 $P(x, y, f(x, y))$ 即函数 $z = f(x, y)$ 是空间中点 $M(x, y, z) = M(x, y, f(x, y))$ 满足的方程.

$F(x, y, z) = z - f(x, y) = 0$，由前面讨论知，所有 M 的图形为空间曲面. 因此，二元函数 $z = f(x, y)$ 的几何图形为空间曲面.

几个特殊二元函数的几何图形：

(1) $z = f(x, y) = Ax + By + D$ 为平面，特别 $z = D$ 为平行于坐标平面 xOy 的平面.

(2) $z = x^2 + y^2$ 为旋转抛物面（如图 7.4 所示）.

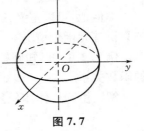

图 7.7

(3) $z = f(x, y) = \sqrt{R^2 - x^2 - y^2}$ $(R > 0)$ 是球心在原点，半径为 R 的上半球面（如图 7.7 所示）.

习 题 7.2

1. 求下列函数的定义域：

(1) $z = \sqrt{4 - x^2 - y^2}$；

(2) $z = \ln(y - x^2 + 1)$；

(3) $z = \arcsin \dfrac{x}{3} + \sqrt{xy}$；

(4) $z = \sqrt{x + y} + \sqrt{2 - x}$.

2. 设 $f(x, y) = xy + \dfrac{2x}{y}$，求 $f(1, 3)$，$f(0, 2)$.

3. 设 $f(x - y, \ln x) = \left(1 - \dfrac{y}{x}\right) \dfrac{e^x}{e^y \ln(x^x)}$，求 $f(x, y)$.

7.3　二元函数的极限与连续

7.3.1　二元函数的极限

设点 $M(x,y)$ 是函数 $z=f(x,y)$ 定义域内的点,考虑点 $M(x,y)$ 趋于定点 $M_0(x_0,y_0)$ 时,函数 $z=f(x,y)$ 的变化趋势值.

定义 7.3　设函数 $z=f(x,y)$ 在点 $M_0(x_0,y_0)$ 的某个去心邻域内有定义(即在点集 $\{(x,y)\mid 0<(x-x_0)^2+(y-y_0)^2<\rho,\rho$ 为正实数$\}$ 内有定义),若动点 $M(x,y)$ 在该邻域内按任意方式趋于定点 $M_0(x_0,y_0)$ 时,对应的函数值 $f(x,y)$ 趋于一个确定的常数 A,则称 A 为函数 $z=f(x,y)$ 当 $(x,y)\to(x_0,y_0)$ 时的极限,记作

$$\lim_{(x,y)\to(x_0,y_0)}f(x,y)=A \quad \text{或} \quad \lim_{\substack{x\to x_0\\y\to y_0}}f(x,y)=A$$

或

$$f(x,y)\to A \qquad ((x,y)\to(x_0,y_0))$$

注:(1) 因为极限存在是指 $P(x,y)$ 以任何方式趋于 $P_0(x_0,y_0)$ 时,函数 $z=f(x,y)$ 都趋于常数 A.因此,如果 $P(x,y)$ 以特殊的方式趋于 $P_0(x_0,y_0)$ 时,即使 $f(x,y)$ 趋于定值,$f(x,y)$ 的极限也不一定存在.

(2) 由注(1)可得一个判别 $f(x,y)$ 极限不存在的方法,即若 $P(x,y)$ 沿不同路径趋于 $P_0(x_0,y_0)$ 时,$f(x,y)$ 趋于不同的值,则极限一定不存在.

(3) 二元函数有与一元函数类似的极限运算法则,如四则运算法则.计算二元函数的极限一般采用一元函数中计算极限的一些方法.

例 7.3.1　求 $\lim\limits_{\substack{x\to 0\\y\to 0}}\dfrac{\sin(x^2y)}{xy}$.

解　$\lim\limits_{\substack{x\to 0\\y\to 0}}\dfrac{\sin(x^2y)}{xy}$

$=\lim\limits_{\substack{x\to 0\\y\to 0}}\dfrac{\sin(x^2y)}{x^2y}\cdot x$

$=\lim\limits_{\substack{x\to 0\\y\to 0}}\dfrac{\sin(x^2y)}{x^2y}\cdot\lim\limits_{\substack{x\to 0\\y\to 0}}x$

$=1\times 0=0$

例 7.3.2　证明 $\lim\limits_{\substack{x\to 0\\y\to 0}}\dfrac{xy}{x^2+y^2}$ 不存在.

证　因为当 $P(x,y)$ 沿直线 $y=x$ 趋于定点 $P_0(0,0)$ 时

$$f(x,y)=\frac{xy}{x^2+y^2}=\frac{x^2}{2x^2}=\frac{1}{2}\to\frac{1}{2}$$

当 $P(x,y)$ 沿直线 $y=-x$ 趋于定点 $P_0(0,0)$ 时

$$f(x, y) = \frac{xy}{x^2 + y^2} = \frac{-x^2}{x^2 + (-x)^2} = -\frac{1}{2} \rightarrow -\frac{1}{2}$$

所以 $f(x, y)$ 当 $P(x, y)$ 沿不同的路径趋于 $P_0(0, 0)$ 时的变化趋势值不同,故 $\lim\limits_{\substack{x \to 0 \\ y \to 0}} \dfrac{xy}{(x^2 + y^2)}$
不存在.

7.3.2 二元函数的连续

定义 7.4 设函数 $z = f(x, y)$ 在 $P_0(x_0, y_0)$ 的某个邻域内有定义(即在点集 $\{(x, y) \mid (x - x_0)^2 + (y - y_0)^2 < \rho, \rho > 0\}$ 内有定义),且

$$\lim_{(x, y) \to (x_0, y_0)} f(x, y) = f(x_0, y_0)$$

则称函数 $z = f(x, y)$ 在 $P_0(x_0, y_0)$ 点处连续.

与一元函数的连续性的讨论一样,判定 $z = f(x, y)$ 在 $P_0(x_0, y_0)$ 处连续与否,应考虑三步:

(1) $f(x, y)$ 在 $P_0(x_0, y_0)$ 是否有定义;

(2) $\lim\limits_{(x, y) \to (x_0, y_0)} f(x, y)$ 存在与否;

(3) 若 $\lim\limits_{(x, y) \to (x_0, y_0)} f(x, y) = A$,$A$ 与 $f(x_0, y_0)$ 是否相等.

例 7.3.3 讨论函数 $f(x, y) = \begin{cases} (x^2 + y^2) \sin \dfrac{1}{\sqrt{x^2 + y^2}} & (x, y) \neq (0, 0) \\ 0 & (x, y) = (0, 0) \end{cases}$

在 $(0, 0)$ 点的连续性.

解 因为 $f(0, 0) = 0$,所以 $f(x, y)$ 在 $(0, 0)$ 有定义.

又因为 $\lim\limits_{\substack{x \to 0 \\ y \to 0}} (x^2 + y^2) \sin \dfrac{1}{\sqrt{x^2 + y^2}}$

$$= \lim_{\substack{x \to 0 \\ y \to 0}} \sqrt{x^2 + y^2} \cdot \lim_{\substack{x \to 0 \\ y \to 0}} \frac{\sin \dfrac{1}{\sqrt{x^2 + y^2}}}{\dfrac{1}{\sqrt{x^2 + y^2}}}$$

$$= 0 \times 1 = 0 = f(0, 0).$$

所以 $\lim\limits_{\substack{x \to 0 \\ y \to 0}} f(x, y)$ 存在,且 $\lim\limits_{\substack{x \to 0 \\ y \to 0}} f(x, y) = 0 = f(0, 0)$,故 $f(x, y)$ 在 $(0, 0)$ 处连续.

例 7.3.4 设

$$f(x, y) = \begin{cases} \dfrac{xy}{x^2 + y^2} & (x, y) \neq (0, 0) \\ 0 & (x, y) = (0, 0) \end{cases}$$

讨论 $f(x, y)$ 在点 $(0, 0)$ 处的连续性.

解 因为 $f(0, 0) = 0$

所以 $f(x, y)$ 在点 $(0, 0)$ 处有定义,而由例 7.3.2 知 $\lim\limits_{(x, y) \to (0, 0)} f(x, y)$ 不存在,故 $f(x, y)$ 在

点(0，0)处不连续.

定义 7.5 设函数 $z = f(x, y)$ 由 $P_0(x_0, y_0)$ 变化到 $P_1(x_0 + \Delta x, y_0 + \Delta y)$ 时的函数值增量 $\Delta z = f(x_0 + \Delta x, y_0 + \Delta y) - f(x_0, y_0)$，称为 $f(x, y)$ 在 (x_0, y_0) 点的全增量.

注：(1) $f(x, y)$ 在 $P_0(x_0, y_0)$ 点连续，则 $\rho = \sqrt{\Delta x^2 + \Delta y^2} \to 0$ 时，$\Delta z \to 0$.

(2) 二元函数的连续性概念是一元函数连续性概念的推广. 因此，由二元函数在任一点的连续性可以定义函数 $z = f(x, y)$ 在区域 D 内连续性.

(3) 连续函数经四则运算和复合运算后仍然为连续函数.

(4) 初等二元函数在其定义区域内是连续性.

习　题　7.3

1. 求下列函数的极限值：

(1) $\lim\limits_{\substack{x \to 0 \\ y \to 0}} \dfrac{2 - \sqrt{xy + 4}}{xy}$；

(2) $\lim\limits_{\substack{x \to 1 \\ y \to 2}} \dfrac{xy}{x + 3y}$；

(3) $\lim\limits_{\substack{x \to 1 \\ y \to 0}} \dfrac{\ln(x + e^y)}{x^2 + y^2}$；

(4) $\lim\limits_{\substack{x \to 0 \\ y \to 0}} \dfrac{1 - \cos(x^2 + y^2)}{(x^2 + y^2) x^2 y^2}$.

2. 证明 $\lim\limits_{\substack{x \to 0 \\ y \to 0}} \dfrac{x^3 y}{x^6 + y^2}$ 不存在.

3. 讨论函数 $f(x, y) = \begin{cases} \dfrac{x^3 + y^3}{x^2 + y^2} & (x, y) \neq (0, 0) \\ 0 & (x, y) = (0, 0) \end{cases}$ 在 $(0, 0)$ 处的连续性.（提示：设 $x = r\cos\theta$，$y = r\sin\theta$）

7.4　偏导数与全微分

7.4.1　偏导数的定义及计算方法

在经济分析中，我们常常应用到所谓柯布-道格拉斯生产函数，即产量 Q 与投入的劳动力 L 和资金 K 之间有关系式 $Q = AL^\alpha K^\beta$，其中 $A > 0$，$\alpha > 0$，$\beta > 0$ 为常数.

假如资金 K 保持不变，则产量 Q 可以看做是劳动力 L 的一元函数，由一元函数求导公式，可得 $Q'_L = \alpha A L^{\alpha-1} K^\beta$.

类似地，假设劳动力 L 保持不变，则产量 Q 可以看做是资金 K 的一元函数，且有 $Q'_K = \beta A L^\alpha K^{\beta-1}$.

这种由一个变量变化，其余变量保持不变所得到的导数，称为多元函数的偏导数，一般地给出如下定义.

定义 7.6 设函数 $z = f(x, y)$ 在点 $P_0(x_0, y_0)$ 的某个邻域内有定义，若固定 y_0 后，极限 $\lim\limits_{\Delta x \to 0} \dfrac{f(x_0 + \Delta x, y_0) - f(x_0, y_0)}{\Delta x}$ 存在，则称此极限为函数 $z = f(x, y)$ 在点 $P_0(x_0, y_0)$ 处关于自变量 x 的偏导数，记作 $f'_x(x_0, y_0)$ 或 $\dfrac{\partial z}{\partial x}\Big|_{(x_0, y_0)}$ 或 $\dfrac{\partial f(x_0, y_0)}{\partial x}$ 或 $z'_x(x_0, y_0)$.

类似地，函数 $z = f(x, y)$ 在点 $P_0(x_0, y_0)$ 处关于自变量 y 的偏导数可定义为

$$\lim_{\Delta y \to 0} \frac{f(x_0, y_0 + \Delta y) - f(x_0, y_0)}{\Delta y}$$

记作 $f'_y(x_0, y_0)$ 或 $\dfrac{\partial z}{\partial y}\Big|_{(x_0, y_0)}$ 或 $\dfrac{\partial f(x_0, y_0)}{\partial y}$ 或 $z'_y(x_0, y_0)$.

若函数 $z = f(x, y)$ 在区域 D 内每一点 (x, y) 处对 x 的偏导数都存在,则此偏导数就是 x, y 的函数,称为 $f(x, y)$ 对 x 的偏导函数,记作

$$f'_x(x, y) \quad 或 \quad \frac{\partial z}{\partial x} \quad 或 \quad \frac{\partial f}{\partial x} \quad 或 \quad z'_x$$

类似地,$z = f(x, y)$ 在 D 内任一点 (x, y) 处关于 y 的偏导函数记为

$$f'_y(x, y) \quad 或 \quad \frac{\partial z}{\partial y} \quad 或 \quad \frac{\partial f}{\partial y} \quad 或 \quad z'_y$$

偏导函数通常简称偏导数.

例 7.4.1　求函数 $z = x^3 + 2xy + y^2$ 在点 $(1, 1)$ 处的偏导数.

解　把 y 看作常数,对 x 求导得

$$f'_x(x, y) = 3x^2 + 2y$$

再把 x 看作常数,对 y 求导得

$$f'_y(x, y) = 2x + 2y$$

将点 $(1, 1)$ 代入得

$$z'_x\big|_{(1, 1)} = 3 \times 1^2 + 2 \times 1 = 5$$

$$z'_y\big|_{(1, 1)} = 2 \times 1 + 2 \times 1 = 4$$

例 7.4.2　求函数 $z = e^x \sin y$ 的偏导数.

解　$z'_x = \sin y \cdot e^x = e^x \sin y$

　　$z'_y = e^x \cos y$

例 7.4.3　求 $z = f(x, y) = \sin(xy) + \cos(xy)$ 的偏导数.

解　$z'_x = y\cos(xy) - y\sin(xy)$

　　$z'_y = x \cos(xy) - x \sin(xy)$

例 7.4.4　求 $z = f(x, y) = (1 + xy)^y$ 的偏导数.

解　$z'_x = y^2(1 + xy)^{y-1}$, $z'_y = (1 + xy)^y \left[\ln(1 + xy) + \dfrac{xy}{1 + xy} \right]$

例 7.4.5　设 $u = \left(\dfrac{x}{y}\right)^z$,求 u'_x, u'_y, u'_z.

解
$$u'_x = \left(\frac{x}{y}\right)^{z-1} \cdot \frac{z}{y} = \frac{z}{y}\left(\frac{x}{y}\right)^{z-1}$$

$$u'_y = -z\left(\frac{x}{y}\right)^{z-1} \cdot \frac{x}{y^2} = -\frac{zx^z}{y^{z+1}}$$

$$u_z' = \left(\frac{x}{y}\right)^z \cdot \ln\frac{x}{y}$$

例 7.4.6 设

$$z = f(x, y) = \begin{cases} \dfrac{xy}{x^2 + y^2}, & (x, y) \neq (0, 0) \\ 0, & (x, y) = (0, 0) \end{cases}$$

求 $f_x'(0, 0)$, $f_y'(0, 0)$.

解 由定义,有

$$f_x'(0, 0) = \lim_{\Delta x \to 0} \frac{f(\Delta x, 0) - f(0, 0)}{\Delta x}$$

$$= \lim_{\Delta x \to 0} \frac{\dfrac{\Delta x \cdot 0}{(\Delta x)^2 + 0^2} - 0}{\Delta x} = 0$$

$$f_y'(0, 0) = \lim_{\Delta y \to 0} \frac{f(0, \Delta y) - f(0, 0)}{\Delta y} = 0$$

因此,$f_x'(0, 0) = f_y'(0, 0) = 0$,但由例 7.3.4 知 $f(x, y)$ 在 $(0, 0)$ 点不连续. 由此可见 $f(x, y)$ 在 $P_0(x_0, y_0)$ 处的两个偏导数都存在,但推不出 $f(x, y)$ 在 $P_0(x_0, y_0)$ 处连续.

7.4.2 高阶偏导数

设函数 $z = f(x, y)$ 在区域 D 内具有偏导数,$z_x' = f_x'(x, y)$, $z_y' = f_y'(x, y)$,若这两个函数对 x, y 的偏导数也存在,则称它们为函数 $z = f(x, y)$ 的二阶偏导数,二阶偏导数有以下四个:

$$\frac{\partial}{\partial x}(z_x') = f_{xx}''(x, y) = \frac{\partial^2 z}{\partial x^2} = \frac{\partial^2 f}{\partial x^2}$$

$$\frac{\partial}{\partial y}(z_x') = f_{xy}''(x, y) = \frac{\partial^2 z}{\partial x \partial y} = \frac{\partial^2 f}{\partial x \partial y}$$

$$\frac{\partial}{\partial x}(z_y') = f_{yx}''(x, y) = \frac{\partial^2 z}{\partial y \partial x} = \frac{\partial^2 f}{\partial y \partial x}$$

$$\frac{\partial}{\partial y}(z_y') = f_{yy}''(x, y) = \frac{\partial^2 z}{\partial y^2} = \frac{\partial^2 f}{\partial y^2}$$

其中,$f_{yx}''(x, y)$ 和 $f_{xy}''(x, y)$ 称为 $f(x, y)$ 的二阶混合偏导数. 同样可以定义更高阶的偏导数. 二阶及二阶以上的偏导数称为高阶偏导数.

例 7.4.7 设 $z = x^3 y^2 - 3xy^3 - xy$,求 z_{xx}'', z_{yy}'', z_{xy}'', z_{yx}''.

解

$$z_x' = 3x^2 y^2 - 3y^3 - y$$

$$z_y' = 2x^3 y - 9xy^2 - x$$

$$z_{xx}'' = 6xy^2$$

$$z''_{yy} = 2x^3 - 18xy$$

$$z''_{xy} = 6x^2y - 9y^2 - 1$$

$$z''_{yx} = 6x^2y - 9y^2 - 1$$

例 7.4.8 设 $f(x, y) = x^2 e^{xy}$,求 $f''_{xy}(x, y)$, $f''_{yx}(x, y)$.

解
$$f'_x(x, y) = 2x e^{xy} + yx^2 e^{xy} = e^{xy}(2x + yx^2)$$

$$f'_y(x, y) = x^3 e^{xy}$$

$$f''_{xy}(x, y) = x e^{xy}(2x + yx^2) + x^2 e^{xy} = e^{xy}(3x^2 + x^3 y)$$

$$f''_{yx}(x, y) = 3x^2 e^{xy} + yx^3 e^{xy} = e^{xy}(3x^2 + x^3 y)$$

由例 7.4.7 和例 7.4.8 看到,都有

$$f''_{xy}(x, y) = f''_{yx}(x, y)$$

即混合二阶偏导数相等. 函数 $z = f(x, y)$ 的混合二阶偏导数 $f''_{xy}(x, y)$ 和 $f''_{yx}(x, y)$ 在 D 内连续,则

$$f''_{xy}(x, y) = f''_{yx}(x, y)$$

即求偏导的次序可以不计较.

7.4.3 全微分

定义 7.7 对自变量在点 (x, y) 处的增量 Δx, Δy,若函数 $z = f(x, y)$ 的全增量 $\Delta z = f(x + \Delta x, y + \Delta y) - f(x, y)$ 可表示为

$$\Delta z = A\Delta x + B\Delta y + o(\rho)$$

式中,A、B 与 Δx、Δy 无关,$\rho = \sqrt{\Delta x^2 + \Delta y^2}$,则称函数 $z = f(x, y)$ 在点 (x, y) 处可微分,称 $A\Delta x + B\Delta y$ 为函数 $z = f(x, y)$ 在 (x, y) 处的全微分,记作 $dz = df = Adx + Bdy$.

定理 7.1 若二元函数 $z = f(x, y)$ 的偏导数 $f'_x(x, y)$, $f'_y(x, y)$ 在点 (x, y) 处连续,则 $f(x, y)$ 在 (x, y) 处可微,且 $z = f(x, y)$ 在 (x, y) 处的全微分为

$$dz = df = \frac{\partial f}{\partial x}dx + \frac{\partial f}{\partial y}dy$$

(证明从略)

例 7.4.9 计算 $z = f(x, y) = \ln(xy)$ 在 $(2, 1)$ 处的全微分.

解 因为
$$f'_x(x, y) = \frac{y}{xy} = \frac{1}{x}$$

$$f'_y(x, y) = \frac{x}{xy} = \frac{1}{y}$$

所以
$$f'_x(2, 1) = \frac{1}{2}, \quad f'_y(2, 1) = 1$$

故
$$dz\,|_{(2, 1)} = \frac{1}{2}dx + dy$$

例 7.4.10 求 $z = x + \sin \dfrac{y}{2}$ 的全微分 $\mathrm{d}z$.

解 因为
$$z'_x = 1, \ z'_y = \frac{1}{2}\cos\frac{y}{2}$$

所以
$$\mathrm{d}z = z'_x \, \mathrm{d}x + z'_y \, \mathrm{d}y = \mathrm{d}x + \frac{1}{2}\cos\frac{y}{2}\mathrm{d}y$$

习 题 7.4

1. 求下列多元函数的一阶偏导数 $\dfrac{\partial z}{\partial x}$，$\dfrac{\partial z}{\partial y}$：

(1) $z = x^2\sin 2y$； (2) $z = \mathrm{e}^x y - 4y^4$；

(3) $z = \dfrac{x+y}{x-y}$； (4) $z = x^2 + xy + y^2$.

2. 设 $z = \ln\sqrt{x^2 + y^2}$，证明 $\left(\dfrac{\partial z}{\partial x}\right)^2 + \left(\dfrac{\partial z}{\partial y}\right)^2 = \dfrac{x+y}{x^2+y^2}$.

3. 求下列函数的二阶偏导数：

(1) $z = \mathrm{e}^{xy^2} + 3xy$； (2) $z = x^3 + 3x^2y + y^4$；

(3) $z = \arctan\dfrac{x+y}{1-xy}$； (4) $z = y^x$.

4. 求下列函数的全微分：

(1) $z = xy\ln y$； (2) $z = x^{2y}$；

(3) $z = \ln\sqrt{1 + x^2 + y^2}$； (4) $z = \mathrm{e}^x\sin(x+y)$.

5. 求函数 $z = \ln(x + y^2)$ 的全微分 $\mathrm{d}z$，并计算 $\mathrm{d}z\Big|_{(1,\,1)}$.

7.5 二元复合函数的求导法则

本节把一元复合函数的求导法则推广到二元复合函数的求导.

定理 7.2 若函数 $u = u(x)$ 及 $v = v(x)$ 在点 x 处都有连续的导函数，函数 $z = f(u, v)$ 在对应的点 (u, v) 具有一阶连续的偏导数，则复合函数 $z = f[u(x), v(x)]$ 在 x 点可导，且有如下公式：

$$\frac{\mathrm{d}z}{\mathrm{d}x} = f'_u\frac{\mathrm{d}u}{\mathrm{d}x} + f'_v\frac{\mathrm{d}v}{\mathrm{d}x}$$

证 因为 $z = f(u, v)$ 在点 (u, v) 处具有一阶连续性的偏导数，所以它在 (u, v) 处有全微分 $\mathrm{d}z = f'_u(u, v)\mathrm{d}u + f'_v(u, v)\mathrm{d}v$.

又因为 $u = u(x)$，$v = v(x)$ 且都在相应的 x 处可导，所以 $z = f[u(x), v(x)]$ 是 x 复合函数且在 x 处可导，故

$$\frac{\mathrm{d}z}{\mathrm{d}x} = f'_u(u,v)\frac{\mathrm{d}u}{\mathrm{d}x} + f'_v(u, v)\frac{\mathrm{d}v}{\mathrm{d}x}$$

类似地可证明下面的定理.

定理 7.3 若函数 $u = u(x, y)$，$v = v(x, y)$ 在点 (x, y) 处的偏导数 $\dfrac{\partial u}{\partial x}, \dfrac{\partial u}{\partial y}, \dfrac{\partial v}{\partial x}, \dfrac{\partial v}{\partial y}$ 都存在，且在对应于 (x, y) 点的点 (u, v) 处，函数 $z = f(u, v)$ 可微，则复合函数 $z = f[u(x, y), v(x, y)]$ 对 x, y 的偏导数存在，且

$$\frac{\partial z}{\partial x} = f'_u \frac{\partial u}{\partial x} + f'_v \frac{\partial v}{\partial x}$$

$$\frac{\partial z}{\partial y} = f'_u \frac{\partial u}{\partial y} + f'_v \frac{\partial v}{\partial y}$$

（证明从略）

例 7.5.1 设 $z = f(u, v) = e^u \sin v$，$u = xy$，$v = x + y$，求 z'_x 和 z'_y.

解 因为 $f'_u(u, v) = e^u \cdot \sin v$，$f'_v(u, v) = e^u \cos v$，且

$$\frac{\partial u}{\partial x} = y, \ \frac{\partial u}{\partial y} = x, \ \frac{\partial v}{\partial x} = 1, \ \frac{\partial v}{\partial y} = 1,$$

所以

$$z'_x = f'_u(u, v) \frac{\partial u}{\partial x} + f'_v(u, v) \frac{\partial v}{\partial x}$$

$$= y e^u \sin v + e^u \cos v$$

$$= e^{xy}[y \sin(x + y) + \cos(x + y)]$$

$$z'_y = f'_u(u, v) \frac{\partial u}{\partial y} + f'_v(u, v) \frac{\partial v}{\partial y}$$

$$= x e^u \sin v + e^u \cos v$$

$$= e^{xy}[x \sin(x + y) + \cos(x + y)]$$

例 7.5.2 设 $z = f(u, v)$，$u = x^2$，$v = \dfrac{x}{y}$，且 $z = f(u, v)$ 有一阶连续的偏导数，求 $\dfrac{\partial z}{\partial x}, \dfrac{\partial z}{\partial y}$.

解 f'_u，f'_v 只能用符号表示出，且

$$\frac{\partial u}{\partial x} = 2x, \quad \frac{\partial u}{\partial y} = 0, \quad \frac{\partial v}{\partial x} = \frac{1}{y}, \quad \frac{\partial v}{\partial y} = -\frac{x}{y^2}$$

故

$$\frac{\partial z}{\partial x} = f'_u \frac{\partial u}{\partial x} + f'_v \frac{\partial v}{\partial x} = 2x f'_u + \frac{1}{y} f'_v$$

$$\frac{\partial z}{\partial y} = f'_u \frac{\partial u}{\partial y} + f'_v \frac{\partial v}{\partial y} = -\frac{x}{y^2} f'_v$$

<h2 style="text-align:center">习　题　7.5</h2>

1. 求下列复合函数的一阶偏导数 $\dfrac{\partial z}{\partial x}, \dfrac{\partial z}{\partial y}$：

(1) $z = u^2 \ln v$，$u = \dfrac{x}{y}$，$v = 3x - 2y$；

(2) $z = u + 2v$, $u = e^x$, $v = xy$;

(3) $z = u^2 v - uv^2$, $u = x\cos y$, $v = x\sin y$.

2. 求下列函数的一阶偏导数(其中 f 有一阶连续偏导数):

(1) $z = f(x^2 - y^2,\ e^{xy})$;

(2) $z = f\left(x^2 y,\ \dfrac{y}{x}\right)$;

(3) $z = f(x^2 + y^2,\ xy)$;

(4) $z = xyf\left(\dfrac{x}{y},\ \dfrac{y}{x}\right)$.

7.6 二元隐函数的求导法则

在第三章中,我们已看到二元方程 $F(x,\ y) = 0$ 确定了一个一元隐函数,推广一下,三元方程 $F(x,\ y,\ z) = 0$ 就确定了一个二元隐函数. 现在推出由二元方程 $F(x,\ y) = 0$ 确定的隐函数求导公式和由三元方程 $F(x,\ y,\ z) = 0$ 确定的二元隐函数求偏导公式.

定理 7.4 设二元函数 $F(x,\ y)$ 在 $M_0(x_0,\ y_0)$ 的邻域内具有一阶连续偏导数,且 $F'_y(x_0,\ y_0) \neq 0$,则方程 $F(x,\ y) = 0$ 在 M_0 的邻域内可以确定一个隐函数 $y = f(x)$,它在 x_0 邻域内可导,且 $\dfrac{\mathrm{d}y}{\mathrm{d}x} = -\dfrac{F'_x}{F'_y}$.

证 令 $z = F(x,\ y) = 0$ 且 $y = y(x)$ 是方程 $F(x,\ y) = 0$ 确定的隐函数,则由定理 7.2 知,$z = F[x,\ y(x)]$ 在 x 处有导数,即

$$\frac{\mathrm{d}z}{\mathrm{d}x} = F'_x + F'_y \frac{\mathrm{d}y}{\mathrm{d}x}$$

而

$$z = F(x,\ y) = 0$$

所以 $\dfrac{\mathrm{d}z}{\mathrm{d}x} = 0$,即 $\dfrac{\mathrm{d}z}{\mathrm{d}x} = F'_x + F'_y \dfrac{\mathrm{d}y}{\mathrm{d}x} = 0$,故

$$\frac{\mathrm{d}y}{\mathrm{d}x} = -\frac{F'_x}{F'_y}$$

类似地可以证明以下定理.

定理 7.5 设三元函数 $F(x,\ y,\ z)$ 在点 $M_0(x_0,\ y_0,\ z_0)$ 的某邻域内具有一阶连续偏导数,且 $F'_z(x_0,\ y_0,\ z_0) \neq 0$,则由方程 $F(x,\ y,\ z) = 0$ 在点 M_0 的某邻域内可以确定一个隐函数 $z = z(x,\ y)$,它在点 $(x_0,\ y_0)$ 的某邻域内具有一阶连续的偏导数,且有

$$\frac{\partial z}{\partial x} = -\frac{F'_x}{F'_z}, \qquad \frac{\partial z}{\partial y} = -\frac{F'_y}{F'_z}$$

(证明从略)

例 7.6.1 设 $\sin(x + y) = xy$,求 $\dfrac{\mathrm{d}y}{\mathrm{d}x}$.

解 令 $F(x,\ y) = \sin(x + y) - xy$,则有

$$F'_x = \cos(x + y) - y$$
$$F'_y = \cos(x + y) - x$$

当 $F'_y = \cos(x+y) - x \neq 0$ 时

$$\frac{\mathrm{d}y}{\mathrm{d}x} = -\frac{F'_x}{F'_y} = -\frac{\cos(x+y) - y}{\cos(x+y) - x}$$

例 7.6.2 设 $\dfrac{x}{z} = \mathrm{e}^{y+z}$，求 $\dfrac{\partial z}{\partial x}$，$\dfrac{\partial z}{\partial y}$.

解 令 $F(x, y, z) = z\mathrm{e}^{y+z} - x$，则有

$$F'_x = -1, \quad F'_y = z\mathrm{e}^{y+z}, \quad F'_z = \mathrm{e}^{y+z}(1+z)$$

当 $F'_z = \mathrm{e}^{y+z}(1+z) \neq 0$ 时

$$\frac{\partial z}{\partial x} = -\frac{F'_x}{F'_z} = \frac{1}{\mathrm{e}^{y+z}(1+z)} = \frac{z}{x+xz}$$

$$\frac{\partial z}{\partial y} = -\frac{F'_y}{F'_z} = -\frac{z\mathrm{e}^{y+z}}{\mathrm{e}^{y+z}(1+z)} = -\frac{z}{1+z}$$

例 7.6.3 设 $z = z(x, y)$ 是由方程 $2\sin(x+2y-3z) = x+2y-3z$ 所确定的隐函数，求 $\dfrac{\partial z}{\partial x}$ 和 $\dfrac{\partial z}{\partial y}$，并验证 $\dfrac{\partial z}{\partial x} + \dfrac{\partial z}{\partial y} = 1$.

解 令 $F(x, y, z) = 2\sin(x+2y-3z) - (x+2y-3z)$，则

$$F'_x = 2\cos(x+2y-3z) - 1$$
$$F'_y = 4\cos(x+2y-3z) - 2$$
$$F'_z = -6\cos(x+2y-3z) + 3$$

故

$$\frac{\partial z}{\partial x} = -\frac{F'_x}{F'_z} = \frac{2\cos(x+2y-3z) - 1}{6\cos(x+2y-3z) - 3} = \frac{1}{3}$$

$$\frac{\partial z}{\partial y} = -\frac{F'_y}{F'_z} = \frac{4\cos(x+2y-3z) - 2}{6\cos(x+2y-3z) - 3} = \frac{2}{3}$$

$$\frac{\partial z}{\partial x} + \frac{\partial z}{\partial y} = \frac{1}{3} + \frac{2}{3} = 1$$

习 题 7.6

1. 根据下列方程确定的隐含数，求 $\dfrac{\partial z}{\partial x}$ 和 $\dfrac{\partial z}{\partial y}$.

(1) $\dfrac{x}{z} = \ln\dfrac{z}{y}$；

(2) $x^2 + y^2 + z^2 - 4z = 0$；

(3) $\mathrm{e}^z - xy^2 + \sin(xz) = 0$；

(4) $\mathrm{e}^z - xyz = 0$.

2. 设 $\tan(x+2y+3z) = x+2y+3z$，证明 $\dfrac{\partial z}{\partial x} + \dfrac{\partial z}{\partial y} = -1$.

7.7 二元函数的极值与条件极值

7.7.1 二元函数的极值

定义 7.8 设函数 $z = f(x, y)$ 在点 (x_0, y_0) 的某邻域内有定义,若在该邻域内任一异于 (x_0, y_0) 的点 (x, y) 的函数值,恒有

(1) $f(x, y) \leqslant f(x_0, y_0)$,则称 $f(x_0, y_0)$ 为 $f(x, y)$ 的极大值,(x_0, y_0) 称为 $f(x, y)$ 的极大值点;

(2) $f(x, y) \geqslant f(x_0, y_0)$,则称 $f(x_0, y_0)$ 为 $f(x, y)$ 的极小值,(x_0, y_0) 称为 $f(x, y)$ 的极小值点.

极大值、极小值统称极值;极大值点、极小值点统称为极值点.(x_0, y_0) 称为 $f(x, y)$ 的极值点.

例 7.7.1 函数 $z = f(x, y) = 1 - x^2 - y^2$ 在原点 $(0, 0)$ 处有极大值 1,点 $(0, 0)$ 是 $z = f(x, y)$ 的极大值点.

例 7.7.2 函数 $z = f(x, y) = (x-1)^2 + y^2$ 在点 $(1, 0)$ 有极小值.

因为在异于 $(1, 0)$ 点的任何一点都有 $f(x, y) > 0$,而 $f(1, 0) = 0$,所以 $f(1, 0)$ 是 $f(x, y)$ 的极小值,$(1, 0)$ 是 $f(x, y)$ 的极小值点.

例 7.7.3 函数 $z = xy$ 在 $(0, 0)$ 点无限值.

定义 7.9 设 (x_0, y_0) 满足方程组

$$\begin{cases} f_x'(x, y) = 0 \\ f_y'(x, y) = 0 \end{cases}$$

则称 (x_0, y_0) 是 $z = f(x, y)$ 的驻点.

由例 7.7.1~7.7.3 知,一个二元函数可能有极值,也可能没有极值.下面给出二元函数极值的必要条件和充分条件.

定理 7.6 设函数 $z = f(x, y)$ 在点 (x_0, y_0) 具有一阶偏导数,且在点 (x_0, y_0) 处取得极值,则必有 $f_x'(x_0, y_0) = 0$, $f_y'(x_0, y_0) = 0$.(证明从略)

定理 7.7 设函数 $z = f(x, y)$ 在点 (x_0, y_0) 某邻域内有连续的一阶和二阶偏导数,又 (x_0, y_0) 满足 $f_x'(x_0, y_0) = 0$, $f_y'(x_0, y_0) = 0$,若记 $A = f_{xx}''(x_0, y_0)$, $B = f_{xy}''(x_0, y_0)$, $C = f_{yy}''(x_0, y_0)$,则

(1) 当 $\Delta = B^2 - AC < 0$ 时函数有极值,且当 $A < 0$ 时函数有极大值,当 $A > 0$ 时函数有极小值;

(2) 当 $\Delta = B^2 - AC > 0$ 时函数没有极值;

(3) 当 $\Delta = B^2 - AC = 0$ 时需要另外讨论.

(证明从略)

求二元函数 $z = f(x, y)$ 极值的步骤可归纳为如下几步:

(1) 求方程组 $\begin{cases} f_x'(x, y) = 0, \\ f_y'(x, y) = 0 \end{cases}$ 的所有解,得到 $f(x, y)$ 的全部驻点;

(2) 利用列表(求出相应的 A、B、C 和 $\Delta = B^2 - AC$)判定;

(3) 根据(2)的判定,求出相应的极值.

例 7.7.4 求函数 $f(x, y) = x^3 + y^3 - 3xy$ 的极值.

解 因为 $f'_x(x, y) = 3x^2 - 3y, f'_y(x, y) = 3y^2 - 3x$

解方程 $\begin{cases} 3x^2 - 3y = 0 \\ 3y^2 - 3x = 0 \end{cases}$

得驻点 $(0, 0), (1, 1)$,则

$$f''_{xx}(x, y) = 6x, f''_{xy}(x, y) = -3$$
$$f''_{yy}(x, y) = 6y$$

列表 7.1.

表 7.1

驻点 (x_0, y_0)	$A = f''_{xx}(x_0, y_0) = 6x_0$	$B = f''_{xy}(x_0, y_0) = -3$	$C = f''_{yy}(x_0, y_0) = -6y_0$	$B^2 - AC$	结　　论
$(0, 0)$	0	-3	0	> 0	$(0, 0)$ 为非极值点
$(1, 1)$	6	-3	6	< 0	$(1, 1)$ 为极大值点

由此可见,$f(1, 1) = -1$ 为 $f(x, y)$ 的极小值.

7.7.2 二元函数的条件极值

前面讨论二元函数 $f(x, y)$ 的极值问题,自变量 x、y 在其定义域 D 内独立变化,并无其他限制条件,所以称这种极值为无条件极值. 在实际问题中,自变量 x、y 之间还要满足一定的约束条件,如 $\varphi(x, y) = 0$,我们把求函数 $f(x, y)$ 在条件 $\varphi(x, y) = 0$ 下的极值称为条件极值.

例 7.7.5 某企业生产一产品的产量 z 是两种要素投入量 x、y 的函数,即 $z = 30xy$. 如果 x、y 的价格分别为 25 元和 15 元,生产费用预算为 6 000 元,问如何安排生产,可使产量最高?

解 该问题实际上是求二元函数 $z = f(x, y) = 30xy \ (x > 0, y > 0)$ 在约束条件 $25x + 15y = 6\,000$ 下的极值.

由 $25x + 15y = 6\,000$,得 $y = 400 - \dfrac{5}{3}x$. 代入二元函数即化为一元函数为

$$z(x) = f(x, y(x)) = 30x\left(400 - \frac{5}{3}x\right) \qquad (0 \leqslant x \leqslant 240)$$

$$z'(x) = [f(x, y(x))]' = (12\,000x - 50x^2)' = 12\,000 - 100x$$

令 $z'(x) = 0$,得 $x = 120$.

又 $x = 120$ 是 $z(x)$ 的唯一驻点且 $z(x)$ 显然有最大值,故当 $x = 120, y = 200$ 时,产量取得最大值 $z(120, 200) = 720\,000$.

这种通过约束条件转化为一元函数求极值的方法可以推广到一般情形. 下面再介绍求这类极值的另一种方法,叫做拉格朗日乘数法.

设二元函数 $z = f(x, y)$,条件为 $\varphi(x, y) = 0$,求此二元函数的条件极值.

设 $y = y(x)$ 是由方程 $\varphi(x, y) = 0$ 确定的隐函数,将它代入函数 $z = f(x, y)$,得到一

元函数 $z(x) = f[x, y(x)]$. 利用复合函数求导法则, 得驻点方程

$$z'(x) = f'_x + f'_y y'(x) = 0$$

其中, $y'(x)$ 可由隐函数方程 $\varphi(x, y) = 0$ 求得

$$\varphi'_x + \varphi'_y y' = 0$$

即 $y'(x) = -\dfrac{\varphi'_x}{\varphi'_y}$, 代入驻点方程得

$$f'_x - f'_y \frac{\varphi'_x}{\varphi'_y} = 0$$

即

$$\frac{f'_x}{\varphi'_x} = \frac{f'_y}{\varphi'_y}$$

若令上述比例式中的比值为 $-\lambda$, 则得

$$\frac{f'_x}{\varphi'_x} = \frac{f'_y}{\varphi'_y} = -\lambda \quad \text{或} \quad \begin{cases} f'_x + \lambda \varphi'_x = 0 \\ f'_y + \lambda \varphi'_y = 0 \end{cases}$$

其中 $\varphi(x, y) = 0$.

根据以上讨论, $z = f(x, y)$ 的极值点 (x_0, y_0) 是方程组

$$\begin{cases} f'_x + \lambda \varphi'_x = 0 \\ f'_y + \lambda \varphi'_y = 0 \\ \varphi(x, y) = 0 \end{cases} \tag{7.1}$$

的解.

而方程组 (7.1) 又可以看作三元函数 $F(x, y, \lambda) = f(x, y) + \lambda \varphi(x, y)$ 的驻点方程组. 这样, 我们就得到了求条件极值的一种新方法. 具体步骤如下:

(1) 作辅助函数 $F(x, y, \lambda) = f(x, y) + \lambda \varphi(x, y)$;

(2) 求三个一阶偏导数得驻点方程组 $\begin{cases} f'_x + \lambda \varphi'_x = 0 \\ f'_y + \lambda \varphi'_y = 0 \\ \varphi(x, y) = 0 \end{cases}$

(3) 解此方程组得驻点 (x_0, y_0);

(4) 判别极值并求出.

这种方法就叫做拉格朗日乘数法.

例 7.7.6 求函数 $z = f(x, y) = 3 - x^2 - y^2$ 在条件 $y = 2$ 时的极值.

解 令

$$F(x, y, \lambda) = 3 - x^2 - y^2 + \lambda(y - 2)$$

求得驻点方程组为

$$\begin{cases} F'_x(x, y, \lambda) = -2x = 0 \\ F'_y(x, y, \lambda) = -2y + \lambda = 0 \\ F'_\lambda(x, y, \lambda) = y - 2 = 0 \end{cases}$$

由此解得

$$x = 0, \quad y - 2$$

由 $z = f(x, y) = 3 - x^2 - y^2$ 和约束条件 $y = 2$ 可知,有最大值,又只有唯一驻点,故当 $x = 0$, $y = 2$ 时,函数取得极大值也是最大值 $f(0, 2) = -1$.

习 题 7.7

1. 求下列函数的极值:
    (1) $z = (6x - x^2)(4y - y^2)$;
    (2) $z = x^2 - xy + y^2 - 2x + y$.

2. 求下列函数 $z = f(x, y)$ 在约束条件 $\varphi(x, y) = 0$ 时的条件极值:
    (1) $z = x^2$, $x + y + 2 = 0$;
    (2) $z = x + 2y$, $x^2 + y^2 = 5$ ($x > 0$, $y > 0$).

7.8 二元函数微分学在经济分析中的应用

7.8.1 边际成本

设某企业生产 A、B 两种产品,产量分别为 x、y 时的总成本函数为 $C = C(x, y)$,那么总成本 $C(x, y)$ 对产量 x 和对产量 y 的偏导数 $C_x'(x, y)$ 和 $C_y'(x, y)$ 就是总成本关于 A 品种产量和关于 B 品种产量的边际成本.

偏导数 $C_x'(x, y)$ 表示总成本 $C(x, y)$ 对产量 x 的边际成本,它的经济含义是在两种产品的产量 (x, y) 的基础上,在 B 产品产量不变的情况下,再多生产一个单位的 A 产品时,总成本 $C(x, y)$ 的改变量. 偏导数 $C_y'(x, y)$ 也有类似的经济含义.

例 7.8.1 设生产 A、B 两种产品的产量分别为 x 和 y 时总成本为

$$C(x, y) = 300 + \frac{1}{2}x^2 + 4xy + \frac{3}{2}y^2$$

求:(1) $C(x, y)$ 对产量 x 和对产量 y 的边际成本函数;
(2) 当 $x = 50$、$y = 50$ 时的边际成本,并解释它们的经济意义.

解 (1) 总成本 $C(x, y)$ 对产量 x 的边际成本函数为

$$C_x'(x, y) = x + 4y$$

总成本 $C(x, y)$ 对产量 y 的边际成本函数为

$$C_y'(x, y) = 4x + 3y$$

(2) 当 $x = 50$、$y = 50$ 时,总成本 $C(x, y)$ 对产量 x 的边际成本为

$$\left.\frac{\partial C}{\partial x}\right|_{(50, 50)} = 50 + 4 \times 50 = 250$$

其经济意义是:当两种产品产量都是 50 个单位时,在 B 产品产量不变情况下,再多生产一个单位的 A 产品,总成本将增加 250 个单位.

当 $x = 50$、$y = 50$ 时,总成本 $C(x, y)$ 对产量 y 的边际成本为

$$\frac{\partial C}{\partial y}\Big|_{(50,\,50)} = 4 \times 50 + 3 \times 50 = 350$$

其经济意义是:当两种产品产量都是 50 个单位时,在 A 产品产量不变情况下,再多生产一个单位的 B 产品,总成本将增加 350 个单位.

7.8.2　求最大利润的问题

例 7.8.2　某公司生产并销售 A、B 两种产品,A 产品成本为 x 万元,B 产品为 y 万元,销售的总收入为

$$R(x,\,y) = 15 + 14x + 32y - 8xy - 2x^2 - 10y^2$$

问 x、y 为多少时,公司利润最大?

解　由题意知,总成本函数 $C(x,\,y) = x + y$

$$\begin{aligned} L(x,\,y) &= R(x,\,y) - C(x,\,y) \\ &= 15 + 14x + 32y - 8xy - 2x^2 - 10y^2 - x - y \\ &= 15 + 13x + 31y - 8xy - 2x^2 - 10y^2 \end{aligned}$$

所以 $\begin{cases} L'_x = 13 - 8y - 4x = 0 \\ L'_y = 31 - 8x - 20y = 0, \end{cases}$ 解之得驻点 $(0.75,\,1.25)$.

又因为 $A = L''_{xx} = -4$,$B = L''_{xy} = -8$,$C = L''_{yy} = -20$,

所以 $\Delta = B^2 - AC = (-8)^2 - (-4) \times (-20) = -16 < 0$

$L(x,\,y)$ 在 $(0.75,\,1.25)$ 处取得利润函数的极大值 $L(0.75,\,1.25) = 39.25$(万元).

又因为驻点只有一个,所以 $L(0.75,\,1.25) = 39.25$ 万元 为利润最大值.

例 7.8.3　某公司的两个工厂生产同样的产品,但所需成本不同. 第一个工厂生产 x 件产品和第二个工厂生产 y 件产品的总成本为

$$C(x,\,y) = x^2 + 2y^2 + 5xy + 700$$

若公司的生产任务是 500 件产品,问每个工厂各生产多少件产品能使总成本最小?

解　据题意,问题归结为求总成本 $C(x,\,y) = x^2 + 2y^2 + 5xy + 700$ 在约束条件 $x + y = 500$ 下的最小值. 令

$$F(x,\,y,\,\lambda) = (x^2 + 2y^2 + 5xy + 700) + \lambda(x + y - 500) \qquad (0 < x,\,y < 500)$$

求一阶偏导数并得驻点方程组

$$\begin{cases} F'_x(x,\,y,\,\lambda) = 2x + 5y + \lambda = 0 \\ F'_y(x,\,y,\,\lambda) = 4y + 5x + \lambda = 0 \\ F'_\lambda(x,\,y,\,\lambda) = x + y - 500 = 0 \end{cases}$$

解之得 $\begin{cases} x = 125, \\ y = 375, \end{cases}$ 即得问题的唯一驻点 $(125,\,375)$.

又由题意知问题的最小值一定存在,又唯一的可能极值点为 $(125,\,375)$,所以成本函数一定在驻点处取得最小值. 于是,当第一个工厂生产 125 件产品,第二个工厂生产 375 件产品时,公司所需成本最小,为 531 950.

习　题　7.8

1. 生产某种产品的总成本函数为

$$C(x, y) = 5x^2 + 2xy + 3y^2 + 800$$

若产品限额为 $x+y=39$，求最小成本.

2. 某公司生产两种产品：A 产品的收入函数为 $R_1(P_1)=24P_1-0.2P_1^2$，B 产品的收入函数为 $R_2(P_2)=10P_2-0.05P_2^2$，总成本函数 $C=1\,395-8P_1-2P_2$，问公司如何给两种产品定价才能使得总利润最大？（其中 P_1、P_2 为产品售价）

习题参考答案

习题 1.1

1. (1) $f(1)=0$，$f(x^2)=2x^4+2x^2-4$，$f(a)+f(b)=2a^2+2a+2b^2+2b-8$

   (2) $f(4)=\dfrac{3}{16}$，$f\left(\dfrac{1}{2}\right)=\dfrac{\sqrt{2}}{2}-4$

   (3) $g(3)=2$，$g(2)=1$，$g(0)=2$，$g(0,5)=2$，$g(-0.5)=\dfrac{\sqrt{2}}{2}$

   (4) $f\left(-\dfrac{\pi}{4}\right)=-\dfrac{\sqrt{2}}{2}$；$f\left(\dfrac{\pi}{2}\right)=0$

2. (1) 不同　(2) 不同

3. (1) $\left(-\dfrac{4}{3},+\infty\right)$　(2) $[-1,0)\bigcup(0,1]$　(3) $[2,4]$

   (4) $[2,3)\bigcup(3,5)$　(5) $[-3,-2)\bigcup(-2,3]$　(6) $[-2,1)$

4. (1) 在$(-\infty,+\infty)$中严格单增　(2) 在$(-\infty,+\infty)$中严格单增　(3) 在$(0,+\infty)$中严格单增

   (4) 在$(-\infty,0)$中严格单减，在$(0,+\infty)$中严格单增

5. (1) 偶　(2) 奇　(3) 偶　(4) 非奇非偶　(5) 非奇非偶　(6) 非奇非偶

6. (1) π　(2) 4π

习题 1.2

1. (1) $y=\dfrac{1-x}{x+1}(x\neq-1)$　(2) $y=\dfrac{1}{2}(x+3)$　(3) $y=\log_2\dfrac{x}{1-x}$　(4) $y=\dfrac{1}{2}(\ln x-5)$

2. $D(f)=[0,100]$；$Z(f)=[150,850]$

3. $R(q)=\begin{cases}200q & 0\leqslant q\leqslant 800 \\ 160\,000+180q & 800<q\leqslant 1\,000\end{cases}$

4. (1) $D(P)=60-3P$　(2) $R(D)=20D-\dfrac{D^2}{3}$　(3) $P(0)=20$；$P(1)=\dfrac{59}{3}$；$P(6)=18$；$R(7)=$

   123.67；$R(1.5)=29.25$；$R(5.5)=99.92$

习题 1.3

1. (1) 不能构成复合函数　(2) 不能构成复合函数　(3) 在$x\in(-\infty,-1]\bigcup[1,+\infty)$中能构成复合函数　(4) 在$x\in(0,+\infty)$中能构成复合函数

2. (1) $y=\mathrm{e}^u$，$u=\dfrac{x}{2}$　(2) $y=u^2$，$u=\cos v$，$v=2x+1$　(3) $y=\lg u$，$u=\sin v$，$v=\mathrm{e}^x$

   (4) $y=u^2$，$u=\tan v$，$v=\dfrac{1}{x}$

3. (1) $[-2,-1)\bigcup(-1,1)\bigcup(1,+\infty)$　(2) $(-\infty,-2)\bigcup(1,+\infty)$　(3) $[0,3]$　(4) $(-\infty,1)\bigcup$
   $(2,+\infty)$　(5) $[1,2]$　(6) $(1,5]$　(7) $(1,+\infty)$　(8) $(-2,3)$

4. $f[g(x)]=\sqrt{x^4-1}$,定义域$(-\infty,-1]\bigcup[1,+\infty)$，$g[f(x)]=[\sqrt{x-1}]^4=(x-1)^2$,定义域
   $[1,+\infty)$

5. （1）偶　（2）偶　（3）非奇非偶　（4）非奇非偶

6. （1）$(-\infty, +\infty)$　（2）$f(2)=5$　$f(1)=2$　$f\left(-\dfrac{1}{2}\right)=\dfrac{1}{2}$

7. （1）$y=\tan u$，$u=\dfrac{1}{v}$，$v=x^2+1$

　　（2）$y=\mathrm{e}^u$，$u=v^2$，$v=\cos x$

　　（3）$y=\sin u$，$u=2+\lg x$

　　（4）$y=u^{\frac{1}{2}}$，$u=\ln v$，$v=x+1$

8. 用水价格为 y 元，用水量为 x 吨

$$y=\begin{cases} 4x & 0\leqslant x\leqslant 5 \\ 20+6(x-5) & 5<x\leqslant 10 \\ 50+8(x-10) & x>10 \end{cases}$$

习题 2.1

1. （1）$x\to -\infty$ 时，y 是无穷大量，$x\to +\infty$ 时，y 是无穷小量　（2）$x\to -2$ 时，y 是无穷大量，$x\to 1$ 时，y 是无穷小量　（3）$x\to\infty$ 时，y 是无穷大量，$x\to 0$ 时，y 是无穷小量　（4）$x\to k\pi+\dfrac{\pi}{2}(k=0,\pm1,\pm2,\cdots)$ 时，y 是无穷大量，$x\to k\pi(k=0,\pm1,\pm2,\cdots)$ 时，y 是无穷小量

2. （1）无穷小量　（2）无穷小量　（3）无穷大量　（4）无穷小量

3. （1）高阶　（2）等价　（3）高阶　（4）低阶

4. （1）0　（2）0　（3）0　（4）0

习题 2.2

1. （1）$\dfrac{10}{73}$　（2）$\dfrac{5}{3}$　（3）∞　（4）$\dfrac{1}{2}$　（5）∞　（6）$-\dfrac{1}{2}$　（7）$\dfrac{1}{2}$　（8）$\dfrac{m}{n}$

2. （1）k　（2）2　（3）-2　（4）$\dfrac{3}{2}$　（5）$\mathrm{e}^{\frac{4}{3}}$　（6）e　（7）e^{-8}　（8）e^5

3. （1）年复利　28.21 万元　（2）连续复利　28.38 万元

4. 500 000 元

习题 2.3

1. （1）$(-1,1)$，1　（2）$(-\infty,1)\bigcup(1,+\infty)$，1　（3）$[0,+\infty]$，$\lg \mathrm{e}$

2. （1）$x=-1$　（2）$x=1$ 和 $x=2$　（3）$x=0$

3. （1）$f(x)$ 在 $x=0$ 处不连续　（2）$f(x)$ 在 $x=0$ 处不连续

4. （1）0　（2）-1　（3）0　（4）$\dfrac{\pi}{6}$　（5）$\dfrac{1}{2}$　（6）-1　（7）1　（8）1

5. （1）$a=2$　（2）$a=1$

6. 略

7. 2 718.28 万元

8. $a\mathrm{e}^{0.012t}$

习题 3.1

1. （1）$20x$　（2）$-\dfrac{1}{x^2}$

2. $f'\left(\dfrac{\pi}{6}\right)=-\dfrac{1}{2}$, $f'\left(\dfrac{\pi}{3}\right)=-\dfrac{\sqrt{3}}{2}$

3. 切线方程 $y-4x+3=0$，法线方程 $4y+x-5=0$

4. 连续不可导

5. 不可导

6. 边际成本：$C'(x)=3x^2-6x+3$ 平均成本：$\dfrac{C(x)}{x}=x^2-3x+3$

习题 3.2

1. (1) $\dfrac{5}{2}x^{\frac{3}{2}}$ (2) $4x+\dfrac{5}{2}x^{\frac{3}{2}}$ (3) $\dfrac{1}{\sqrt{x}}+\dfrac{1}{x^2}$ (4) $x-\dfrac{4}{x^3}$ (5) $\sec^2 x+\cos x$ (6) $-\dfrac{1}{2\sqrt{x^3}}-\dfrac{1}{2\sqrt{x}}$

(7) $e^x(\cos x+x\cos x-x\sin x)$ (8) $\dfrac{\sin x-(1+x)\cos x}{\sin^2 x}$ (9) $\dfrac{1}{\sqrt{1-x^2}}-\dfrac{3}{2}x^{-\frac{1}{4}}$ (10) $\dfrac{4}{x\ln 2}-$

$\dfrac{xe^x-e^x}{x^2}$ (11) $\dfrac{\tan x+x\sec^2 x-x^2\tan x+x^3\sec^2 x}{(1+x^2)^2}$ (12) $4x+\dfrac{3}{x^4}+5$ (13) $\cos 2x$ (14) $3x^2\cdot 2^x+$

$x^3\cdot 2^x\ln 2-2^x\ln 2$ (15) $\dfrac{1+x^2-2x^2\ln x}{x(1+x^2)^2}$ (16) $\ln x+1$ (17) $\dfrac{xe^x-e^x}{x^2}$ (18) $2x\ln x+x$

2. (1) $\dfrac{\sqrt{x}+3}{\sqrt{x}}$ (2) $\dfrac{1}{x\ln x}$ (3) $\dfrac{1}{\sqrt{x^2+1}}$ (4) $2x\sin 2x^2$ (5) $\sec^2 x\cdot e^{\tan x}$ (6) $-\tan x$

(7) $\dfrac{6(3x-1)}{1+(3x-1)^4}$ (8) $3e^{3x}$ (9) $2x\sec^2(1+x^2)$ (10) $2^{\sin x}\ln 2\cdot\cos x$ (11) $\dfrac{2\ln(x+1)}{x+1}$

(12) $-\dfrac{1}{x^2}\sec^2\dfrac{1}{x}$ (13) $e^{x^2}(2x\cos 3x-3\sin 3x)$ (14) $\ln(\cos x)-x\tan x$ (15) $\dfrac{x-1}{\sqrt{x^2-2x+5}}$

(16) $\dfrac{2x(1+x)\cos x^2-\sin x^2}{(1+x)^2}$

3. (1) $-\dfrac{e^{-xy}\cdot y+\cos(x+y)}{xe^{-xy}+\cos(x+y)}$ (2) $\dfrac{xy-y^2}{xy+x^2}$ (3) $-\sqrt{\dfrac{y}{x}}$ (4) $\dfrac{2x\cos 2x-y-xye^{xy}}{x^2e^{xy}+x\ln x}$

4. (1) $(1+\cos x)^{\frac{1}{x}}\left[\dfrac{-\sin x}{x(1+\cos x)}-\dfrac{\ln(1+\cos x)}{x^2}\right]$ (2) $x^x(\ln x+1)$

(3) $\dfrac{1}{2}\sqrt{\dfrac{x(x^2+1)}{(x-1)^2}}\left(\dfrac{1}{x}+\dfrac{2x}{x^2+1}-\dfrac{2}{x-1}\right)$ (4) $\dfrac{e^{2x}(x+3)}{\sqrt{(x+5)(x-4)}}\left[2+\dfrac{1}{x+3}-\dfrac{1}{2(x+5)}-\dfrac{1}{2(x-4)}\right]$

习题 3.3

1. (1) $2\arctan x+\dfrac{2x}{1+x^2}$ (2) $\dfrac{2(\sqrt{1-x^2}+x\arcsin x)}{(1-x^2)^{\frac{3}{2}}}$ (3) 2 (4) $\dfrac{2}{(1-x)^3}$

2. (1) $\dfrac{n!}{(1-x)^{n+1}}$ (2) $\dfrac{(-1)^n(n-2)!}{x^{n-1}}(n>1)$ (3) $2^n\sin\left(2x+\dfrac{n\pi}{2}\right)$

3. (1) $(3x^2-1)dx$ (2) $\ln x\,dx$ (3) $e^{-x}[\sin(1-x)-\cos(1-x)]dx$ (4) $\left(6x-\dfrac{1}{\sqrt{x}}+4\right)dx$

(5) $\dfrac{2x}{1+x^4}dx$ (6) $-\dfrac{e^{\sin\frac{1}{x}}\cdot\cos\dfrac{1}{x}}{x^2}dx$

4. (1) 0.875 (2) 4.021 (3) 2.746 (4) 2.05

5. 略

习题 4.1

1. (1) $(-\infty, 0)$ 内单调增加,$(0, +\infty)$ 内单调减少　(2) $(-\infty, -1)$ 和 $(3, +\infty)$ 内单调增加,$(-1, 3)$ 内单调减少　(3) $\left(-\infty, \dfrac{3}{4}\right)$ 内单调增加,$\left(\dfrac{3}{4}, 1\right)$ 内单调减少　(4) $(-\infty, +\infty)$ 内单调增加　(5) $(0, +\infty)$ 内单调增加,$(-\infty, 0)$ 内单调减少　(6) $(0, \mathrm{e})$ 内单调增加,$(\mathrm{e}, +\infty)$ 内单调减少

2. (1) 极大值 $f(2) = -5$　(2) 极大值 $f(1) = 2$　(3) 极小值 $f\left(-\dfrac{1}{2}\ln 2\right) = 2\sqrt{2}$　(4) 极小值 $f(-1) = -1$,极大值 $f(1) = 1$　(5) 极小值 $f\left(\dfrac{1}{\mathrm{e}}\right) = -\dfrac{1}{\mathrm{e}}$　(6) 极大值 $f(0) = 0$,极小值 $f(2) = -3\sqrt[3]{4}$

3. (1) 极大值 $f(0) = 0$,极小值 $f(\pm 2) = -16$　(2) 极小值 $f\left(\dfrac{1}{2}\right) = 1 - \ln 2$　(3) 极大值 $f(0) = 1$,极小值 $f\left(\dfrac{4}{3}\right) = -\dfrac{5}{27}$　(4) 极大值 $f(1) = 2$,极小值 $f(2) = 1$

4. 平均成本 $\overline{C}(x) = \dfrac{C(x)}{x} = \dfrac{100 + 0.02x^2}{x} = \dfrac{100}{x} + 0.02x$　$\overline{C}(100) = 3$ 元/件

　　边际成本 $C'(x) = 0.04x$　$C'(100) = 4$ 元/件

习题 4.2

1. (1) 下凹区间为 $(-\infty, 2)$,上凹区间 $(2, +\infty)$,拐点 $\left(2, \dfrac{2}{\mathrm{e}^2}\right)$　(2) 下凹区间 $(-\infty, 1)$,上凹区间 $(1, +\infty)$,无拐点　(3) 下凹区间 $(-\infty, -1)$,上凹区间 $(-1, +\infty)$,拐点 $(-1, 2)$　(4) 下凹区间 $(4, +\infty)$,上凹区间 $(-\infty, 4)$,拐点 $(4, 2)$

2. $a = 3$,$b = -9$,$c = 8$

习题 4.3

1. (1) 最大值 $f(-1) = f(2) = 5$,最小值 $f(-3) = -15$　(2) 最小值 $f(2) = -14$,最大值 $f(4) = 130$　(3) 最大值 $f(4) = 8$,最小值 $f(0) = 0$　(4) 最大值 $f(-1) = 3$,最小值 $f(1) = 1$

2. 底边长 6 m,高 3 m

3. 每天 27 件,单价 16 元

4. 5 批

习题 4.4

1. (1) $\dfrac{EQ}{EP} = \dfrac{-4P^2}{60 - 2P^2} = \dfrac{-2P^2}{30 - P^2}$,$\left.\dfrac{EQ}{EP}\right|_{P=4} = -\dfrac{16}{7}$,$\left.\dfrac{EQ}{EP}\right|_{P=5} = -10$,$\left.\dfrac{EQ}{EP}\right|_{P=6} = 12$

2. $\dfrac{EQ}{EP} = \dfrac{2P}{5 + 2P}$,$\left.\dfrac{EQ}{EP}\right|_{P=4} = \dfrac{8}{13}$

3. (1) $\dfrac{EQ}{EP} = -\dfrac{P}{24 - P}$　(2) $\left.\dfrac{EQ}{EP}\right|_{P=6} = -\dfrac{1}{3} \approx 0.33$,价格上涨 1% 时,商品的需求量将下降 0.33%

习题 5.1

1. (1) x^2　(2) $-\dfrac{1}{x}$　(3) $-\mathrm{e}^{-x}$　(4) x　(5) $\dfrac{1}{2}\mathrm{e}^{x^2}$　(6) $\arctan x$　(7) $\dfrac{1}{2}\ln^2 x$　(8) $-\dfrac{1}{6}\cos 6x$

2. (1) $y = \dfrac{2}{3}x^3 + \dfrac{1}{3}$　(2) $y = x^2 + 3x - 2$　(3) $Q(t) = 68t^2 + 20t$　(4) $C(x) = 2x + 21\sqrt[3]{x} + 5\,000$

(5) $10+2\sqrt{x}+\dfrac{x}{2\,000}$, $100x-\dfrac{1}{200}x^2-2\sqrt{x}-\dfrac{x}{2\,000}-10$

3. 略

4. (1) $\ln\mid x\mid-2\sin x+C$ (2) $\dfrac{1}{3}x^3+2\sqrt{x}-2\ln\mid x\mid+C$ (3) $2x-\dfrac{5\left(\dfrac{2}{3}\right)^x}{\ln\dfrac{2}{3}}+C$

(4) $x-\arctan x+C$ (5) $\tan x+\sec x+C$ (6) $-\cot x-\tan x+C$

(7) $\dfrac{1}{2}x^2+9x+27\ln\mid x\mid-\dfrac{27}{x}+C$ (8) $\dfrac{2}{3}x\sqrt{x}-3x+C$ (9) $x-\cos x+\sin x+C$

(10) $\dfrac{1}{2}x^2+x-3\ln\mid x\mid+\dfrac{3}{x}+C$

5. (1) $\dfrac{1}{5}\ln\mid 5x+1\mid+C$ (2) $\dfrac{1}{3}(1+2x)^{\frac{3}{2}}+C$ (3) $-\dfrac{1}{3}e^{-3x+1}+C$ (4) $-\cos e^x+C$

(5) $e^x+e^{-x}+C$ (6) $-\dfrac{1}{2}\ln\mid\cos(2x+1)\mid+C$ (7) $\dfrac{2}{3}(\arcsin x)^{\frac{3}{2}}+C$ (8) $\dfrac{1}{2}\ln^2\tan x+C$

(9) $\dfrac{3}{8}x+\dfrac{1}{4}\sin 2x+\dfrac{1}{32}\sin 4x+C$ (10) $\tan\dfrac{x}{2}+C$ (11) $-\dfrac{1}{2}\ln\mid 1-x^2\mid+C$ (12) $\dfrac{1}{3}\ln\mid 1+x^3\mid+C$

(13) $\ln\mid x\mid+\dfrac{1}{2}\ln^2\mid x\mid+\dfrac{1}{3}\ln^3\mid x\mid+C$ (14) $-\dfrac{1}{2}\arctan\left(\dfrac{\cos x}{2}\right)+C$ (15) $-\dfrac{1}{5}\ln\left|\dfrac{x+2}{x-3}\right|+C$

(16) $\dfrac{1}{\sqrt{2}}\arctan\left(\dfrac{\tan x}{\sqrt{2}}\right)+C$ (17) $\ln(x^2-x+3)+C$

(18) $\ln(x^2+1)+\arctan x+C$ (19) $\dfrac{1}{4}\tan^4 x+C$ (20) $\dfrac{10^{2x}}{2\ln 10}+C$

(21) $\cos\dfrac{1}{x}+C$ (22) $x\arctan x-\dfrac{1}{2}\ln(1+x^2)-\dfrac{1}{2}(\arctan x)^2+C$

(23) $\dfrac{12}{13}x-\dfrac{5}{13}\ln\mid 2\sin x+3\cos x\mid+C$ (24) $2e^{\sqrt{x}}+C$

6. (1) $2[\sqrt{x}-\ln(1+\sqrt{x})]+C$ (2) $x-2\sqrt{1+x}+2\ln(1+\sqrt{1+x})+C$

(3) $\dfrac{1}{3}\ln\mid x\mid-\dfrac{1}{3}\ln(3+\sqrt{9-x^2})+C$ (4) $-\dfrac{1}{3}\sqrt{(25-x^2)^3}+C$ (5) $\dfrac{1}{2}\ln(2x+\sqrt{4x^2+9})+C$

(6) $\dfrac{1}{5}(x+2)(3x+1)^{\frac{2}{3}}+C$ (7) $\dfrac{\sqrt{x^2-9}}{9x}+C$

(8) $\arccos\dfrac{1}{x}+C$ (9) $\dfrac{1}{3}(x+1)\sqrt{2x-1}+C$ (10) $2(\sqrt{x-4}-2\arctan\dfrac{\sqrt{x-4}}{2})+C$

(11) $-\dfrac{(1-x^2)^{\frac{3}{2}}}{3x^3}+C$ (12) $2\sqrt{1+e^x}+\ln\dfrac{\sqrt{1+e^x}-1}{\sqrt{1+e^x}+1}+C$

7. (1) $\dfrac{1}{3}x^3\ln x-\dfrac{1}{9}x^3+C$ (2) $\dfrac{1}{3}e^{3x}\left(x^2-\dfrac{2}{3}x+\dfrac{2}{9}\right)+C$ (3) $e^x\ln x+C$

(4) $x\arcsin^2 x+2\sqrt{1-x^2}\arcsin x-2x+C$ (5) $\dfrac{1}{2}e^{-x}(\sin x-\cos x)+C$ (6) $x\tan x+\ln\mid\cos x\mid-$

$\dfrac{x^2}{2}+C$ (7) $-\dfrac{1}{5}x\cos 5x+\dfrac{1}{25}\sin 5x+C$ (8) $x\ln(x+\sqrt{1+x^2})-\sqrt{1+x^2}+C$

8. (1) $xf'(x)-f(x)+C$ (2) $\cos x-\dfrac{2\sin x}{x}+C$ (3) $xe^x\ln x-e^x+C$ (4) $\dfrac{\cos^2 x}{2(1+\sin x)^4}+C$

9. (1) $e^{\arcsin x}(\arcsin x-1)+C$ (2) $-\dfrac{\arctan e^x}{e^x}+x-\dfrac{1}{2}\ln(1+e^{2x})+C$ (3) $\ln\left|\dfrac{\sqrt{1-x}-\sqrt{1+x}}{\sqrt{1-x}+\sqrt{1+x}}\right|+$

$2\arctan\sqrt{\dfrac{1-x}{1+x}}+C$ (4) $\dfrac{1}{3}\ln\dfrac{|x-1|}{\sqrt{x^2+x+1}}+\dfrac{\sqrt{3}}{3}\arctan\dfrac{2x+1}{\sqrt{3}}+C$ (5) $-\dfrac{1}{2}\dfrac{\cos^3 x}{\sin^2 x}-\dfrac{3}{2}\ln\left|\tan\dfrac{x}{2}\right|-$

$\dfrac{3}{2}\cos x+C$ (6) $\dfrac{1}{2\sqrt{3}}\arctan\dfrac{2\tan x}{\sqrt{3}}+C$

习题 6.1

1. (1) 0   (2) 2π (3) 0   (4) 4

2. 略

3. (1) 0   (2) -1 (3) -4 (4) -2

4. 略

5. (1) $\displaystyle\int_0^1\ln x\,dx\leqslant\int_0^1\ln^2 x\,dx$ (2) $\displaystyle\int_1^2 e^x\,dx>\int_1^2 e^{-x}\,dx$ (3) $\displaystyle\int_0^1 x\,dx\leqslant\int_0^1\sqrt[3]{x}\,dx$ (4) $\displaystyle\int_0^1 x\,dx\geqslant\int_0^1\ln(x+1)\,dx$

习题 6.2

1. $\dfrac{17}{4}$ 2. $\dfrac{146}{15}$ 3. $\dfrac{\pi}{2}$ 4. $1+\dfrac{\pi}{4}$ 5. $\dfrac{17}{6}$ 6. $2\sqrt{2}-2$ 7. $\dfrac{\pi}{2}$ 8. $\dfrac{4\sqrt{3}}{3}$ 9. $2e-2$ 10. -8 11. 0

12. $\dfrac{14}{3}$ 13. $1-\dfrac{\sqrt{3}}{3}+\dfrac{\pi}{12}$ 14. $2\sqrt{2}$ 15. 24   16. $\dfrac{29}{6}$ 17. 5

习题 6.3

1. (1) $\dfrac{2}{3}$ (2) $\ln(1+e)-\ln 2$ (3) $\dfrac{\pi}{4}$ (4) $e^{-1}-e^{-\frac{1}{2}}$ (5) $\dfrac{\pi}{6}$ (6) $\dfrac{\pi}{2}$ (7) $\dfrac{15}{8}$ (8) $2\pi-\dfrac{4}{3}$

   (9) $\arctan e-\dfrac{\pi}{4}$ (10) $\dfrac{7}{2}$

2. (1) π (2) 1   (3) $\dfrac{\sqrt{3}}{3}\pi-\ln 2$ (4) $\dfrac{2}{5}(1-e^\pi)$ (5) $2-5e^{-1}$ (6) $\dfrac{\pi}{2}-1$ (7) $2-\dfrac{2}{e}$ (8) 2

3. (1) $7+2\ln 2$ (2) $\sqrt{2}-\dfrac{2}{3}\sqrt{3}$

4. (1) 0   (2) 0

习题 6.4

1. (1) 发散   (2) 1   (3) $\dfrac{1}{2}$ (4) 发散   (5) 2   (6) -1

2. (1) 11 250 元, 225 元   (2) 6 600 元

习题 6.5

1. $R(q)=10q-0.01q^2$ $\overline{R}(q)=10-0.01q$

2. $Q(p)=2\,000-50\ln(p+1)$

3. (1) 760   (2) 970

4. 500 台时, 利润最大

5. $F(t)=\dfrac{1}{3}at^3+\dfrac{b}{2}t^2+ct$

6. 1 080 万元

习题 7.1

1. 3

2. $(-2, 0, 0)$ 或 $(-4, 0, 0)$

3. $x + y - 2z - 3 = 0$

4. $\left(0, 0, \dfrac{14}{9}\right)$

5. $x^2 + y^2 + z^2 - 2x - 6y + 4z = 0$

6. 球心坐标为 $(1, -2, 1)$，半径为 $\sqrt{6}$

习题 7.2

1. (1) $x^2 + y^2 \leqslant 4$　(2) $y > x^2 - 1$　(3) $|x| \leqslant 3$ 且 $xy > 0$　(4) $x + y \geqslant 0$ 且 $x \leqslant 2$

2. $f(1, 3) = \dfrac{14}{3}$, $f(0, 2) = 0$

3. $f(x, y) = \dfrac{x}{y} e^{x - 2y}$

习题 7.3

1. (1) $-\dfrac{1}{4}$　(2) $\dfrac{2}{7}$　(3) $\ln 2$　(4) $+\infty$

2. 略

3. 连续

习题 7.4

1. (1) $\dfrac{\partial z}{\partial x} = 2x \sin 2y$, $\dfrac{\partial z}{\partial y} = 2x^2 \cos 2y$

　(2) $\dfrac{\partial z}{\partial x} = y e^x$, $\dfrac{\partial z}{\partial y} = e^x - 16y^3$

　(3) $\dfrac{\partial z}{\partial x} = -\dfrac{2y}{(x-y)^2}$, $\dfrac{\partial z}{\partial y} = \dfrac{2x}{(x-y)^2}$

　(4) $\dfrac{\partial z}{\partial x} = 2x + y$, $\dfrac{\partial z}{\partial y} = x + 2y$

2. 略

3. (1) $\dfrac{\partial^2 z}{\partial x^2} = y^4 e^{xy^2}$, $\dfrac{\partial^2 z}{\partial y^2} = 2x e^{xy^2} + 4x^2 y^2 e^{xy^2}$, $\dfrac{\partial^2 z}{\partial x \partial y} = \dfrac{\partial^2 z}{\partial y \partial x} = 2y e^{xy^2} + 2xy^3 e^{xy^2} + 3$

　(2) $\dfrac{\partial^2 z}{\partial x^2} = 6x + 6y$, $\dfrac{\partial^2 z}{\partial y^2} = 12y^2$, $\dfrac{\partial^2 z}{\partial x \partial y} = \dfrac{\partial^2 z}{\partial y \partial x} = 6x$

　(3) $\dfrac{\partial^2 z}{\partial x^2} = \dfrac{-2x}{(1+x^2)^2}$, $\dfrac{\partial^2 z}{\partial y^2} = -\dfrac{2y}{(1+y^2)^2}$, $\dfrac{\partial^2 z}{\partial x \partial y} = \dfrac{\partial^2 z}{\partial y \partial x} = 0$

　(4) $\dfrac{\partial^2 z}{\partial x^2} = y^x \ln^2 y$, $\dfrac{\partial^2 z}{\partial y^2} = (x^2 - x) y^{x-2}$, $\dfrac{\partial^2 z}{\partial x \partial y} = \dfrac{\partial^2 z}{\partial y \partial z} = y^{x-1}(x \ln y + 1)$

4. (1) $dz = y \ln y \, dx + x(\ln y + 1) \, dy$

　(2) $dz = 2y x^{2y-1} \, dx + 2x^{2y} \ln x \, dy$

　(3) $dz = \dfrac{x}{1+x^2+y^2} \, dx + \dfrac{y}{1+x^2+y^2} \, dy$

(4) $dz=e^x[\sin(x+y)+\cos(x+y)]dx+e^x\cos(x+y)dy$

5. $dz=\dfrac{dx}{x+y^2}+\dfrac{2ydy}{x+y^2}$, $dz\Big|_{(1,1)}=\dfrac{1}{2}dx+dy$

习题 7.5

1. (1) $\dfrac{\partial z}{\partial x}=\dfrac{2x}{y^2}\ln(3x-2y)+\dfrac{3x^2}{y^2(3x-2y)}$, $\dfrac{\partial z}{\partial y}=\dfrac{2x^2}{y^3}\ln(3x-2y)-\dfrac{2x^2}{y^2(3x-2y)}$

   (2) $\dfrac{\partial z}{\partial x}=e^x+2y$, $\dfrac{\partial z}{\partial y}=2x$

   (3) $\dfrac{\partial z}{\partial x}=\dfrac{3}{2}x^2\sin 2y(\cos y-\sin y)$, $\dfrac{\partial z}{\partial y}=x^3(\sin y+\cos y)\left(1-\dfrac{3}{2}\sin 2y\right)$

2. (1) $\dfrac{\partial z}{\partial x}=2xf_u'+ye^{xy}f_v'$, $\dfrac{\partial z}{\partial y}=-2yf_u'+xe^{xy}f_v'$

   (2) $\dfrac{\partial z}{\partial x}=2xyf_u'-\dfrac{y}{x^2}f_v'$, $\dfrac{\partial z}{\partial y}=x^2f_u'+\dfrac{1}{x}f_v'$

   (3) $\dfrac{\partial z}{\partial x}=2xf_u'+yf_v'$, $\dfrac{\partial z}{\partial y}=2yf_u'+xf_v'$

   (4) $\dfrac{\partial z}{\partial x}=yf+xf_u'-\dfrac{y^2}{x}f_v'$, $\dfrac{\partial z}{\partial y}=xf+yf_v'-\dfrac{x^2}{y}f_u'$

习题 7.6

1. (1) $\dfrac{\partial z}{\partial x}=\dfrac{z}{x+z}$, $\dfrac{\partial z}{\partial y}=\dfrac{z^2}{y(x+z)}$

   (2) $\dfrac{\partial z}{\partial x}=\dfrac{x}{2-z}$, $\dfrac{\partial z}{\partial y}=-\dfrac{y}{z-2}$

   (3) $\dfrac{\partial z}{\partial x}=-\dfrac{\cos(xz)-y^2}{e^z+x\cos(xz)}$, $\dfrac{\partial z}{\partial y}=\dfrac{2xy}{e^z+x\cos(xz)}$

   (4) $\dfrac{\partial z}{\partial x}=\dfrac{yz}{e^z-xy}$, $\dfrac{\partial z}{\partial y}=\dfrac{xz}{e^z-xy}$

2. 略

习题 7.7

1. (1) 极大值 $f(3,2)=36$　(2) 极小值 $f(1,0)=-1$
2. (1) 极小值 $z(0,-2)=0$　(2) 极大值 $z(1,2)=5$

习题 7.8

1. 4 349
2. 当 $P_1=80$, $P_2=120$ 时,有最大利润

参考文献

［1］ 何泳贤. 微积分. 北京：中国经济出版社，1998
［2］ 展明慈等. 经济数学基础. 北京：高等教育出版社，1988
［3］ 李卫军，王艳. 大学数学：微积分. 北京：科学出版社，2003
［4］ 王新华. 应用微积分. 武汉：湖北科学技术出版社，2003
［5］ 刘书田，葛振三. 经济数学基础. 北京：世界图书出版公司北京公司，1998
［6］ 高汝熹. 高等数学(一)微积分. 第 2 版. 武汉：武汉大学出版社，2000
［7］ 黄开兴. 应用数学教程. 南京：河海大学出版社，2007
［8］ 侯风波. 应用数学(经济类). 北京：科学出版社，2007
［9］ 财经类中专数学教材编写组. 数学(第三册). 第 3 版. 北京：高等教育出版社，1996
［10］ 黎诣远. 经济数学基础. 北京：高等教育出版社，1998
［11］ 王孝成. 经济管理数学. 南京：东南大学出版社，2002
［12］ 陈笑缘. 经济数学. 第二版. 北京：高等教育出版社，2014
［13］ 魏寒柏，骈俊生. 高等数学. 北京：高等教育出版社，2014
［14］ 屈战涛，魏红梅. 高等数学. 北京：北京邮电大学出版社，2014